零概念也能樂在其中的99個
實用物理知識

圖解

生活物理學

東京理科大學理學部物理學科教授
川村康文／監修
劉宸瑀、高詹燦／譯

前言

拿起本書的各位讀者中，是不是有許多人雖對「物理」很感興趣，卻總覺得「可是物理好難……」、「學生時期時曾在這方面碰到挫折……」、「我是文科的，去學物理是不是太勉強了……」呢？

儘管大眾普遍認為「物理學」是一門艱深的學問，但其實認識物理這件事本身並無文理之分；我們不必拘泥於複雜的算式上，也能理解物理的本質。因此，我內心期望務必賞光閱讀本書的讀者，正是那些對物理感到棘手、以及認定自己是「文科」而退縮的朋友。

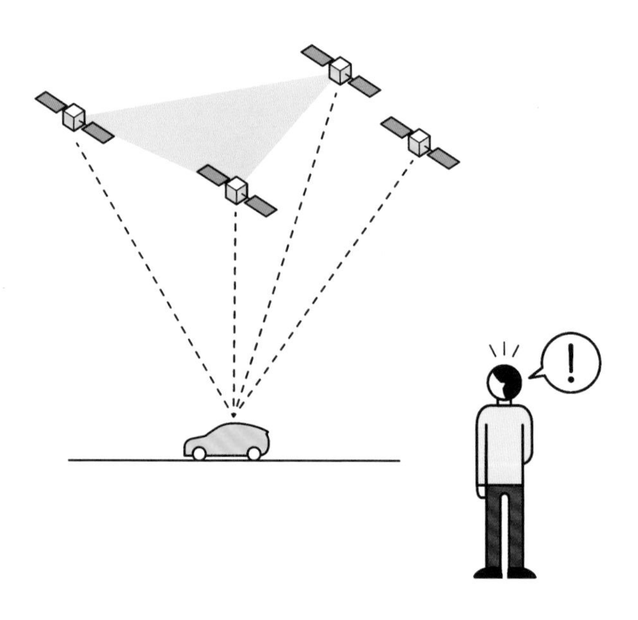

時代來到了令和。這個時代是一個科技高度發展的社會，同時也是一個資訊化的社會。我想，我們也有必要先了解這些科學技術的相關知識，好讓自己度過一段充實的人生。比如善用電腦或手機的資訊通訊技術、為今後發展的自動駕駛功能所籌備的汽車相關技術、與健康或美容有關的醫療藥品等等，儘管涉及的領域豐富多樣，不過我認為，這本物理書將作為一扇了解這些知識的大門，而對各位有所幫助。

我希望本書可以成為大部分讀者通曉「物理」的契機，所以我會極力避免使用困難的算式，透過盡可能平易近人的文章來介紹物理的精髓。由於圖解採用柔和的插畫來呈現，因此就算單純只看插畫或圖表也能盡情享受本書的內容。

這是百歲人生的時代。為了把自己今後的人生活得豐富愉快，請務必試著藉由這本書來「重新學習物理」。我知道各位每天都很忙碌，不過，如果大家可以利用電車通勤或等公車的片段時間來體會物理的樂趣就好了。

還請一定要拿起本書，讓自己擁有一段豐滿又快樂的時光。

東京理科大學
理學部物理學科教授　川村康文

目錄

2章 還能再延伸的種種物理知識 ……… 75–152

3章 物理與最新科技的關係

4章 未來想與人暢聊的物理故事 …… 195▼215

※本書中的圖解已簡化，以便將原理解釋得簡單易懂。

第1章

物理原理與切身的疑問

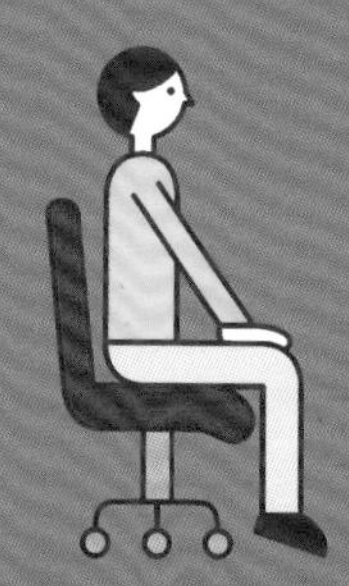

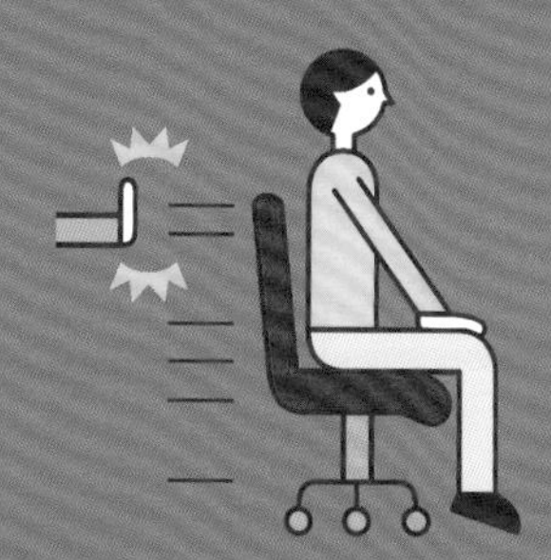

周遭那些我們視為理所當然的事物與自然現象。
忽然停下來想一想，
發現不懂其原理結構的事物好像還真不少。
慣性定律、地心引力、重力、浮力……諸如此類，
就讓我們一起來窺看我們身邊的物理構造吧。

01 為什麼在電車裡跳躍也不會向後著地？

因為人類和電車都是按照「**慣性定律**」，不斷以**相同的速度運動**！

如果在行進中的電車裡往上跳，我們會在自己的身後落下嗎？並非如此，我們依然會在原處著地。這是為什麼呢？

在物理的用詞上，物體的移動名為**「運動」**。假設電車在筆直的軌道上以一樣的速度運動，我們稱作**「等速直線運動」**。此時正在搭電車的人也會隨電車一同進行等速直線運動〔圖1〕。正在進行等速直線運動的物體，除非受到其他外力，不然會一直持續以同等的速度與方向做等速直線運動。這種性質叫**「慣性定律」**。

這時，無論電車還是人類身上都有**「慣性」**在作用。慣性是物體**靜者恆靜，動者恆動的一種性質**〔圖2〕。因此，不管是起跳也好、滯空也好、著地時也好，車上的人都還是跟電車一起，朝著電車的行進方向不斷在做等速直線運動。

如果搭載乘客的電車緊急煞車，車上的人就會往前傾倒。畢竟儘管電車突然減速，人也依舊在繼續基於慣性定律進行等速直線運動。因此雖然電車要停下來，但裡頭的人卻保持不停向前的狀態，所以身體才會前傾。

人與電車都同樣恆作等速直線運動

電車和人進行同樣的運動〔圖1〕

電車中的人類以跟電車一樣的速率移動。

如果電車正在等速直線運動，那麼車裡的人也同樣在等速直線運動。因此，一旦電車急煞，就會因為只有人在持續進行等速直線運動，而使身體傾倒。

「慣性」的性質〔圖2〕

物體若不受力就會一直靜止不動，一旦受力便將不斷進行等速直線運動，除非有其他外力介入。

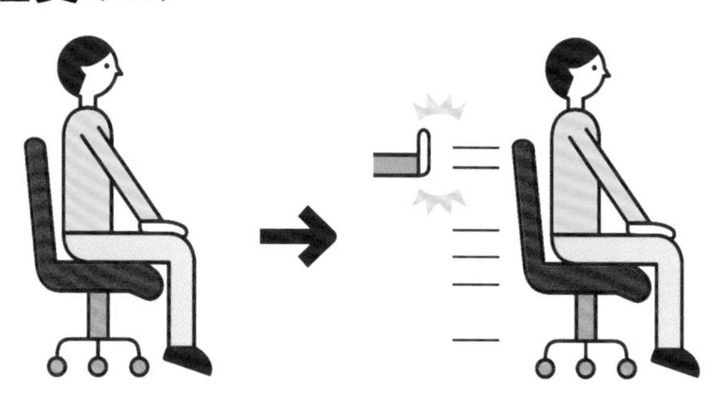

不受力就會繼續靜止。

若受力，且僅限於未被其他外力所影響時，運動會持續進行。

02 為什麼雲霄飛車不會把人甩飛？

因為在雲霄飛車上作用的**離心力**
會把人**往座位上猛推**。

雖然人在雲霄飛車上完全是頭朝下的倒栽蔥狀態，但卻不會掉下來，這是什麼原因呢？是因為有繫安全帶的關係嗎？

只靠安全帶就讓人倒栽蔥真的很危險。不會落下的原因在於雲霄飛車上的**「離心力」**，這股離心力大於重力，所以人就不會因重力而摔落。

旋轉中的物體上，有一股從圓心向外遠離的力量在運作。這就是「離心力」。把裝了水的水桶提起來甩幾圈，就能實際感受到離心力的作用〔圖1〕。這時候，水就算甩到頭上也不會灑下來。這是因為從旋轉中心（此處為肩）向外遠離的「離心力」作用在水桶裡的水上，強制將水推向水桶底部。

以迴旋時的雲霄飛車來說，假設雲霄飛車也像桶內的水一樣從繞轉中心向外飛——然而畢竟有車軌在，雲霄飛車沒辦法真的飛出去，於是車上的人才會被猛地推向雲霄飛車的座位上。

離心力**與旋轉速率的平方成正比，同時又跟旋轉半徑的長度成反比**（圖2的算式）。也就是說，旋轉速度愈快，而且旋轉幅度愈小，離心力就愈大。

離心力作用在旋轉中的物體上

水桶和離心力〔圖1〕

離心力指的是從旋轉中心往外飛離的一股力量。因為有離心力，水桶的水就不會灑出來。

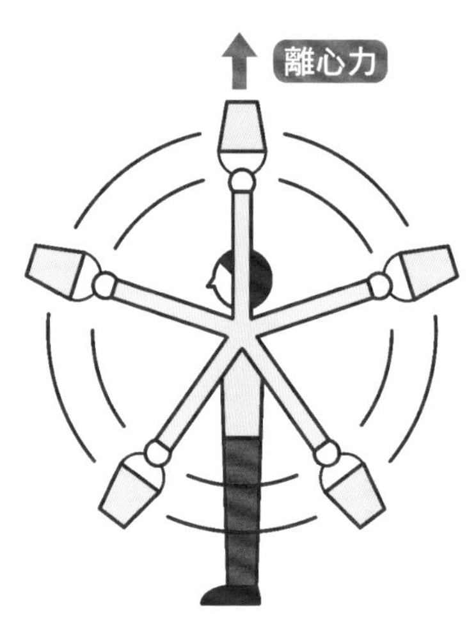

雲霄飛車的原理〔圖2〕

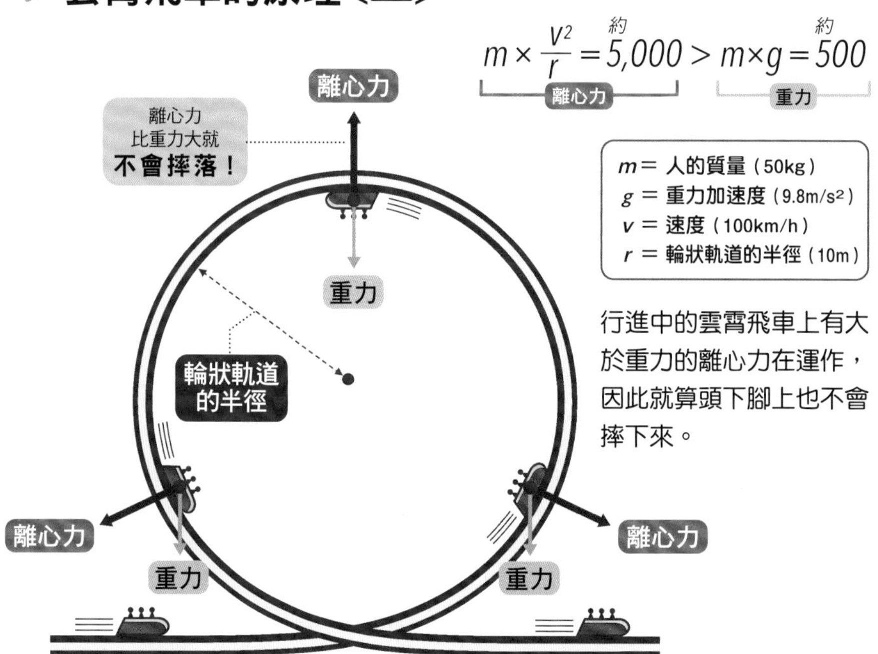

行進中的雲霄飛車上有大於重力的離心力在運作，因此就算頭下腳上也不會摔下來。

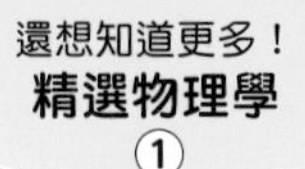

在上升電梯裡的人，體重會變重還是變輕？

變重 or 不變 or 變輕

搭電梯時，會有飄浮感或身體變重的感覺對吧。我們在這裡做個實驗。在電梯裡放體重計，再站到體重計上。之後若保持站在體重計上的狀態讓電梯上樓，那體重會有什麼變化？

你是不是有站在電車上，電車突然發車而使身體往電車行進相反的方向傾斜的經驗呢？這是因為外在的力量加進來時，受力的物體基於**慣性定律**（➡P.10）而在原處站定的關係。儘管電車前進了，但電車裡的人卻沒有向前，而是站著不動的力量在作用著，所以身體才會後傾。我們將其稱為**「慣性力」**。

然後，相對於橫向移動的電車，電梯是縱向的移動。電梯向上的瞬間，電梯裡的人或物品身上也會有慣性力在運作。結果導致底下的體重計被往下方猛推〔下圖〕。

電梯移動與慣性力

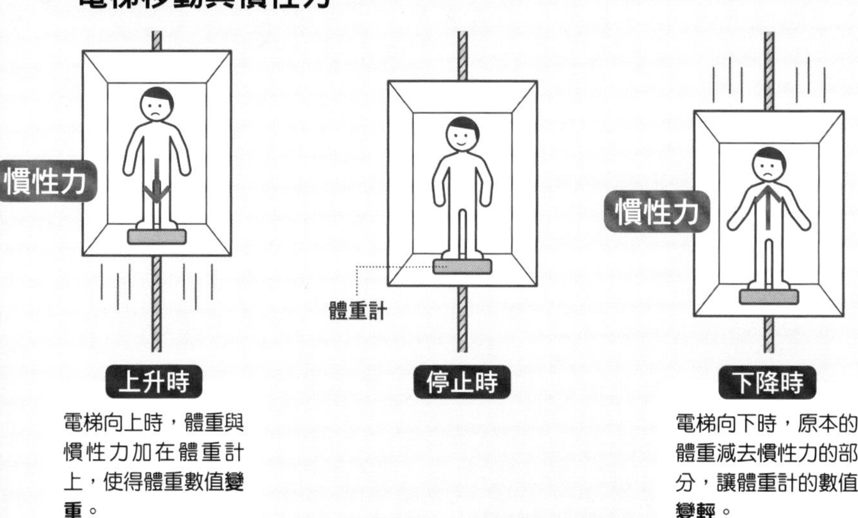

電梯向上時，體重與慣性力加在體重計上，使得體重數值變重。

電梯向下時，原本的體重減去慣性力的部分，讓體重計的數值變輕。

只要人被強迫往底下的體重計推，那麼加上慣性力的部分，體重就會「變重」。也就是在上升電梯裡，體重會在剛開始往上的瞬間變重。稍待一會兒後，電梯停止加速，轉為等速直線運動。這時也同樣是在慣性的作用下，人持續以相同的速度向上移動。如此一來，往體重計施壓的力量也就變得跟電梯停止時一樣了。

順便一提，相反地，電梯往下移動的瞬間，體重亦會變得更輕。

03 為什麼人不會被扔到太空中？

因為地球上的人受到**離心力**與**地心引力**的影響，而「**地心引力**」大於「**離心力**」！

人站在地球上。這對我們來說天經地義，可為什麼我們人類得以站在地球上，不會被甩飛到宇宙裡呢？

地球的自轉是24小時一圈。赤道周長約4萬公里，所以在赤道上的移動秒速甚至來到460公尺上下。與此同時，旋轉中的物體上又有**「離心力」**在運作（➡P.12）。**這是一種從旋轉中心向外牽引的力量**。換言之，站在地球上的我們，假如只受離心力影響，就會被地球扔飛到太空中。然而實際上並非如此，那是因為我們身上有**「地心引力」**。

所有的物體彼此都會受到兩者間交互吸引的力量（引力）所影響，地球與地球上的物體也會互相拉拽。地球的重量約有6,000,000,000兆噸之多，它可以強力拉住我們。而且離心力不過只有地心引力的三百分之一，所以人不會被地球扔出宇宙〔圖1〕。

物體身上來自地球的引力和離心力的總和稱為**「重力」**。受重力影響，物體會在一定的加速度下往下掉。這叫做**「重力加速度」**，又寫作**「G」**。重力的大小藉加速度的大小來表示，其G值約為每平方秒9.8公尺。我們就是從地球上承受了這麼大的重力加速度。

地球的「重力」非常大

▶引力比地球自轉的離心力要強〔圖1〕

向地球中心牽引的引力勝於地球所產生的離心力，所以人類不會被地球甩到太空中。

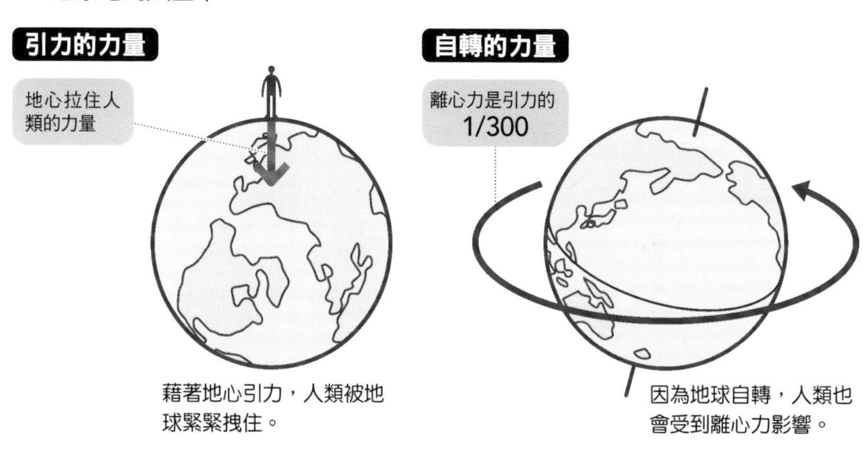

地心引力比地球自轉的離心力還強！

▶如果引力小於自轉離心力……〔圖2〕

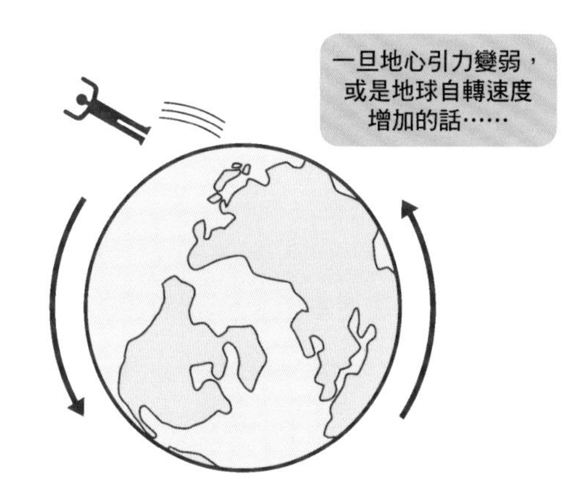

假使地球自轉的離心力比地球的引力還強的話，那人類就會被甩飛到宇宙裡。

04 人造衛星為什麼會持續繞飛地球？

因為人造衛星**克服了地球的重力**，
得以用**與離心力相抗衡的速度**飛行。

繞行行星周圍的星球叫做**衛星**。月球就是地球的衛星。而所謂的**人造衛星**，指的是一種人造產品，人類用火箭將其送到地球上空，讓它圍繞著地球，像衛星一樣運行〔圖1〕。人造衛星會持續繞飛地球，不會掉落。這是因為它正以不會掉下來的速度飛行。也就是說，那是一種**可在落下前繞著地球旋轉的速度**。

假設無視空氣阻力，在地上朝遠方投一顆球。愈用力投球，球就飛得愈遠，不過最後球還是會因**重力**而墜落。如果投球的力量夠大，或許球在掉落之前就能繞行地球一圈了〔圖2〕。這就是人造衛星的原理。

另外，人造衛星也會受到離心力（➡P.12）作用的影響。雖說這種力量跟重力是反方向，但人造衛星卻能**以取得重力與離心力兩者平衡的速度飛行**，藉此構建出不會掉落的方法。克服重力，貼近地球表面卻不會落下的繞行速度為每秒7.9公里以上。這真是我們難以想像的速度。

日本氣象廳（類似台灣的中央氣象局）的氣象衛星「向日葵」，就是一款長期在日本上空觀測氣象的地球同步衛星。由於這種衛星以24小時為基準，向地球自轉的方向同步飛行一周，看起來就像時常處於相同位置靜止不動，所以又稱為地球靜止衛星。

以秒速7.9公里以上飛行的衛星不會掉落

▶衛星圍繞行星飛行〔圖1〕

人造衛星正在繞行地球。一直在拍攝日本的地球同步衛星，是以與地球自轉轉速相同的速度繞行。

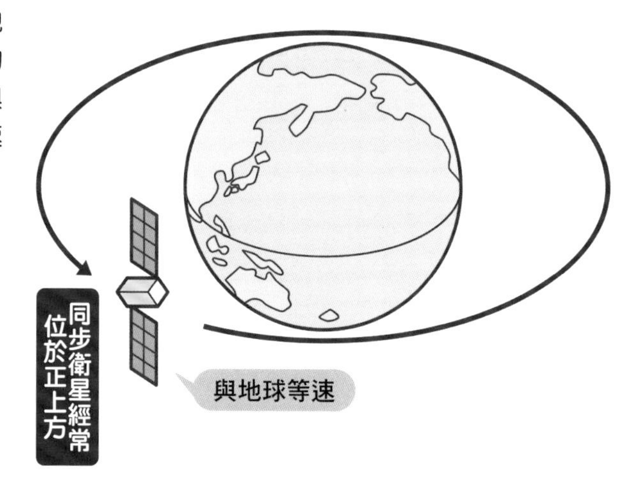

▶球若能克服重力，就不會掉落〔圖2〕

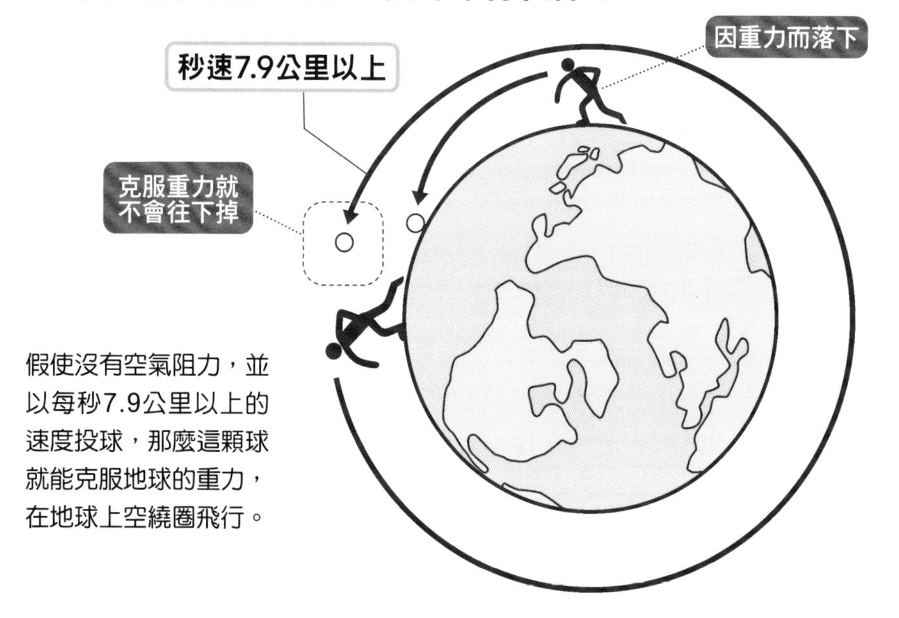

假使沒有空氣阻力，並以每秒7.9公里以上的速度投球，那麼這顆球就能克服地球的重力，在地球上空繞圈飛行。

05 為什麼飛機可以在天上飛？

透過**飛機機翼帶來的氣壓差**產生**升力**，將飛機帶上天！

飛機究竟是怎樣飛起來的？原因在於它有一套為了飛翔而打造的特殊外形機翼，由這對機翼產生的**「升力」**大於讓飛機落下的**「重力」**，飛機才飛得起來。

機翼的剖面是流線型的。當飛機要向右飛時，從右方來的氣流會迎向機翼。這麼一來，空氣將受到機翼外型的影響而上下分流。這時機翼上方與下方的空氣流速便會有所變化〔圖1〕。

如果空氣的速度變快，周遭的氣壓就會降低。而且**物體有一種性質是，它會從壓力高的地方被推向壓力較低的地方**。在這個例子上，就是飛機機體被這股力量從氣壓高的機翼下方往氣壓低的機翼上方推上去。這就是讓機體懸浮空中的「升力」。

即使是總重高達360噸的大型飛機，只要面積每1平方公分機翼有70公克左右的升力，機身左右各有260平方公尺（約一座網球場）大小的機翼，飛機就能飛上天。

順便一提，這股「升力」可以透過吹紙帶的簡單實驗驗證〔圖2〕。因為嘴邊的空氣流動較快，使得紙帶上方的壓力降低，此時胸口附近的壓力相對較高而將紙帶往上推，換言之，就是出現「升力」托起了紙帶。

飛機透過因氣壓差而生的「升力」翱翔

飛機機翼的構造〔圖1〕

機翼上下流動的空氣速度差創造出升力，促使飛機浮在空中。

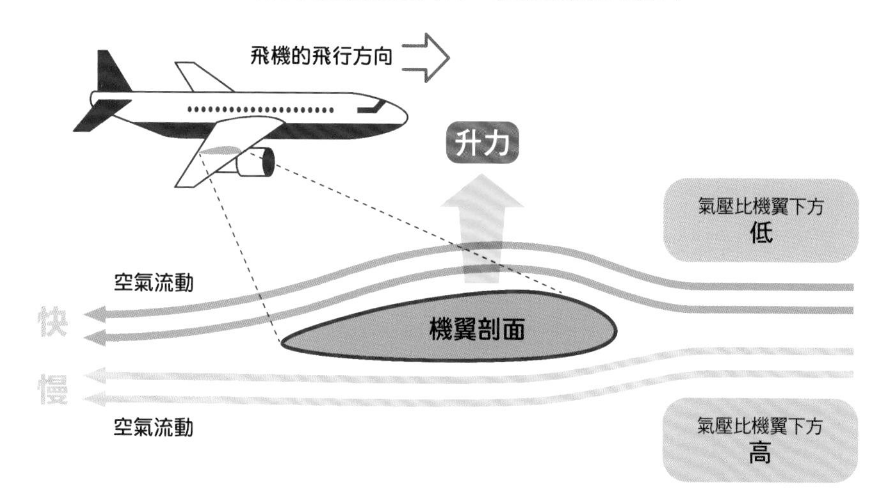

以吹氣證實升力的存在〔圖2〕

將紙帶貼在嘴巴下吹氣時，紙帶上方空氣的快速流動使壓力減弱，便能藉著下方的壓力將紙帶往上推。

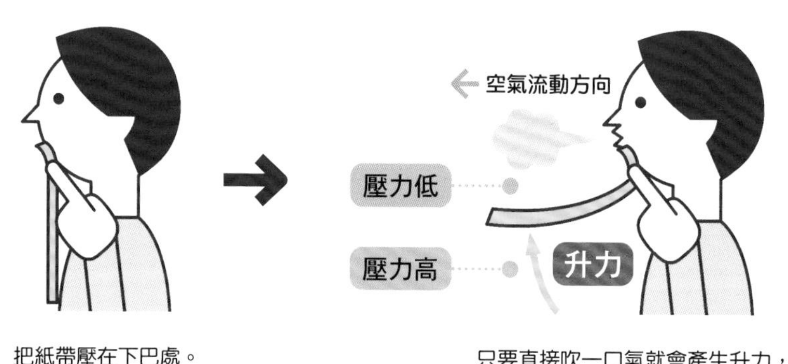

把紙帶壓在下巴處。

只要直接吹一口氣就會產生升力，帶著紙帶往上飄。

06 為什麼鐵塊做的船可以浮在水面上？

原來如此！

因為可以調整船的重量、大小，
使它在水中受到的「**浮力**」>「**船的重量**」！

小小的柏青哥鋼珠跟巨大的船體一樣都是鐵做的。明明原料相同，但為什麼小鋼珠（鐵球）會沉在水裡，船卻可以浮在水面上呢？這是因為，**船的浮力大於船身重量**的緣故。

水裡的物體受到水中向上推升的力量作用，這股力量稱為浮力。浮力若大於物體本身的重量，物體就會浮在水面上；反之小於物體重量的話便會沉入水裡。物體在水中所承受的浮力大小如下。

浮力＝物體沒入水裡的體積與同等的水的重量

舉個例子，假如重8公克，體積1立方公分的小鋼珠沉在水裡〔圖1〕。體積等於小鋼珠的水的重量是1公克，小鋼珠會承受水施加的1公克重的浮力。因為小鋼珠的重量大於浮力，因此才會沉在水中。相對地，體積1立方公分，重量0.7公克的木材比1公克重的浮力輕，所以木材便浮在水面上。

船不像小鋼珠，連內部是實心的鐵。船內有許多的空間存在，而且**船「沒入水中的部分」受到「同等體積的水的重量」的浮力影響**，也就是說，人們造船，使船從水中所承受的浮力大於船本身的重量與大小，讓船得以浮在水面上〔圖2〕。

水中的物體會受到水的浮力影響

小鋼珠沉入水底的原因〔圖1〕

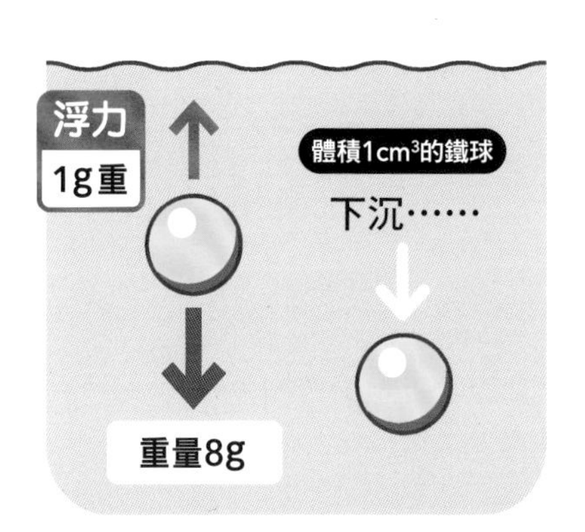

體積1立方公分（cm³）的小鋼珠，重量約8公克（g）。這顆鐵球所承受來自水的浮力是1公克重，因為浮力比自身重量小而沉入水中。

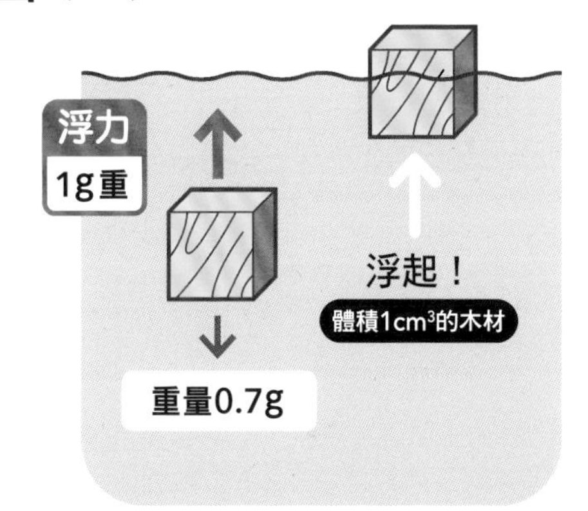

體積1立方公分（cm³）的木材，重量約0.7公克（g）。從水中所受到的浮力為1公克重。因為浮力比自身重量大而浮上水面。

船浮在水面上的原因〔圖2〕

人們造船，讓船從水裡受到的浮力比船體自身來得大。

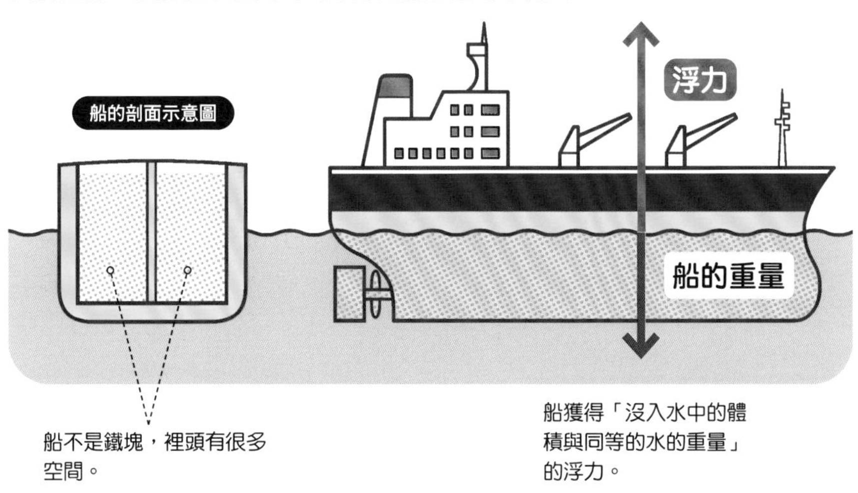

船不是鐵塊，裡頭有很多空間。

船獲得「沒入水中的體積與同等的水的重量」的浮力。

假想
科學特輯
1

「世界最大的船」可以

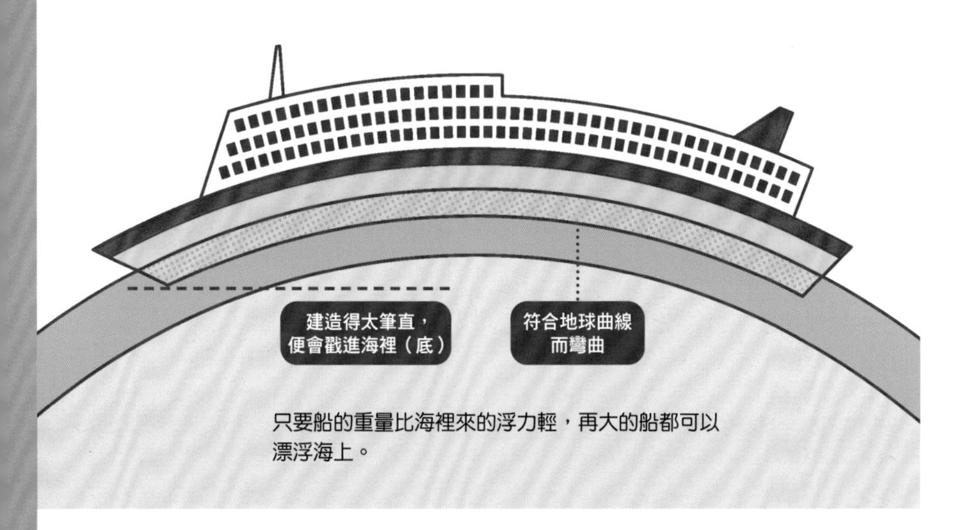

船的大小沒有極限。只要在造船時把空間設計得十分寬廣，使船的本體比它排除的水的重量還要輕（➡P.22），那麼無論船有多大，它都能浮在水面上。

但是有一點必須注意。地球是圓的，所以船底必須沿著地球的曲線建造。要是一不留神把船底造得直直的，那船中間的部分就會直接觸及海底了〔上圖〕。假使船底貼合地球曲面，說不定甚至可以造出環繞地球一圈的船呢。只不過，這種船卻不存在在這個世上。為什麼現實無法造出這種超巨大的船？

首先第一點：**因為這種船容易損壞**。日本近海的海浪波長最多據說可達150公尺左右，自然形成的海浪形狀沒有規律，因此會像右圖一樣，船體懸浮在空中，甚至有可能使船體硬生生折斷。

大到什麼程度？

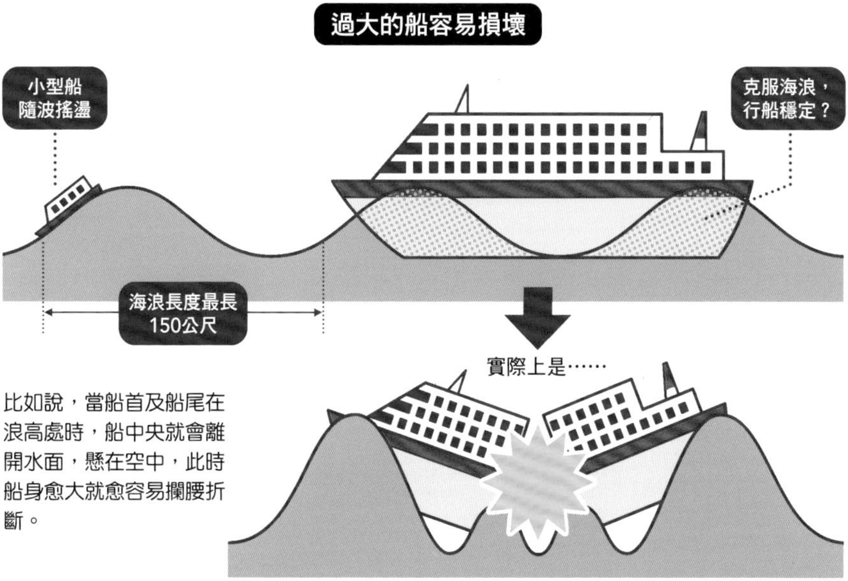

過大的船容易損壞

小型船
隨波搖盪

克服海浪，
行船穩定？

海浪長度最長
150公尺

實際上是……

比如說，當船首及船尾在浪高處時，船中央就會離開水面，懸在空中，此時船身愈大就愈容易攔腰折斷。

接下來，過於龐大的船也有**來不及維護**的問題。舉個例子，就算船底附著大量貝類，也沒辦法簡單清掃乾淨。若放著不管，將會拖慢船的行進速度，最終導致沉船。

另外，船體太大也不方便。譬如人類造出了一艘從日本直達美國的大船，但儘管如此，人類最後還是需要在船上開車才能移動。

現實中全世界最大的船，似乎是挪威一艘**全長約458公尺的油輪**。這種大小大概就是實用船隻的極限吧。

07 為什麼跳台滑雪落地時不會死？

因為跳台滑雪在著地時「**反作用力**」很小，**衝擊力也變小了**！

跳台滑雪的起跳點高度定為一般跳台66公尺、高跳台86公尺；理想著陸區K點與起跳台的高度差約為40～60公尺。選手從這麼高的地方著地卻不會受傷，其原因**與著陸面是斜坡息息相關**。

讓我們看著**圖1**，思考一下選手著地的衝擊有多大吧。如果直接從正上方落到水平地面上，則選手施加在著陸面上的力（a）將幾近原封不動地直接返還到自己身上，成為他從著陸面承受的力（a’），因此選手的身體會受到很大的衝擊。我們將施加著陸面的力稱為**「作用力」**，從著陸面遭受的力稱作**「反作用力」**，**作用力等於反作用力**。

接著我們假設選手從斜上方跳下來著地。此時衝擊力（a）與垂直壓向著陸面的力（b）會分化成前衝力（c）。b的反作用力b’是著陸面施加選手的力，但由於a已分化成b和c，所以b’的數值將比a’小很多。

跳台滑雪把著陸面設計成斜坡，選手從斜上方落在斜坡上，a就會被分解成垂直下壓力（b）與前衝力（c），使選手從斜坡所受到的反作用力（b’）變得更小〔**圖2**〕。這便是跳台滑雪選手不會受傷的原因。

反作用力分散後，衝擊力就變小了

施加於著陸面上的力回彈到自己身上〔圖1〕

從正上方跳到水平地面上，衝擊力會很強；從斜上方跳下來時衝擊力會變得比較小。

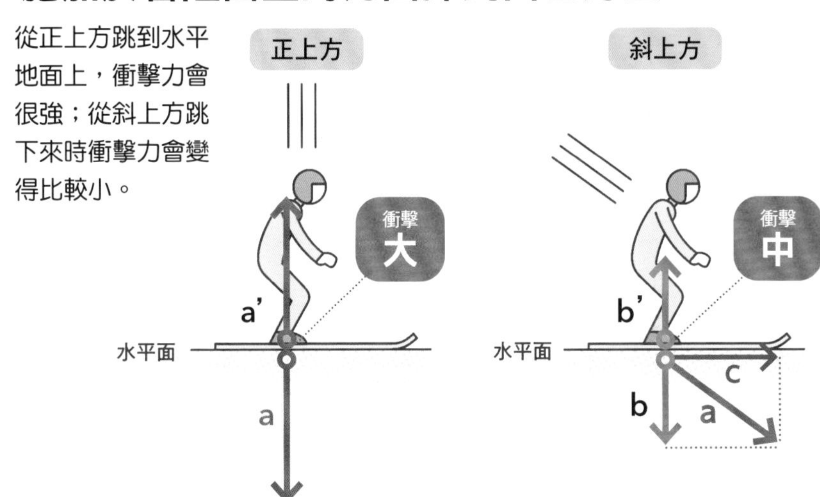

跳台滑雪著地原理〔圖2〕

以50度的角度落在40度的斜坡上，便有10度的降落角度差異。

以這種情況來說，
時速100公里的著陸動作可計算為：

「$\sin 10^\circ \fallingdotseq 0.17$」

得出來的數值等於從約1.1公尺的高度跳下來的速度，還有以時速17公里著地時的衝擊力。

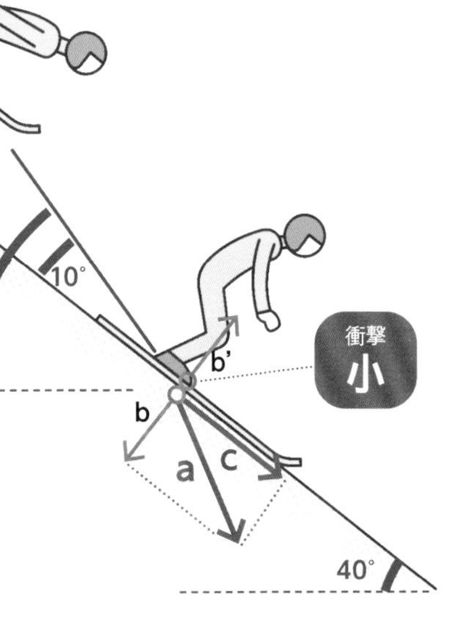

08 為什麼杯子裡的水滿了卻不會溢出來？

因為「**表面張力**」勝過
將分子們互相連在一起的**分子力**！

「杯子的水滿得彷彿快溢出來……」這種景象想必大家都見過吧，但這到底是為什麼呢？

雖然水這種液體可以自由變換外形，但灑在桌上的水卻不會四散各處，而是在某種程度上凝聚成水滴。**水本身具備某種程度聚集成團的性質**。因為水分子間有**分子力**，這股彼此吸引的力量讓它們不會亂七八糟地散落各處。不只水和水之間有分子力，這種力量也在水與杯子間、水與空氣間作用著。藉由分子之間的吸引力，盡可能縮小其表面積的力量叫做**「界面張力」**，跟液體有關的時候則稱為**「表面張力」**。

那麼再回歸水杯的話題。在這種情況下，水會受到空氣與杯子兩邊的拽引。雖然空氣的表面張力非常強，但只要水跟杯子的界面張力保持平衡，水就不會溢出來〔圖1〕。

另外，跟水之間界面張力最強的代表是荷葉。荷葉上有細細的、凹凸不平的組織，這種結構會將水彈開做成水滴。由於是細微凹凸不平的面，所以葉面跟水滴接觸的角度（**接觸角**）會變大，使界面張力也一併變大，讓荷葉更容易彈落水滴〔圖2〕。

細微凹凸不平的構造，讓界面張力效果倍增

▶水的界面張力〔圖1〕

就算水比杯緣還高也不會溢出來，是源於水分子們在水的表面互相牽引。

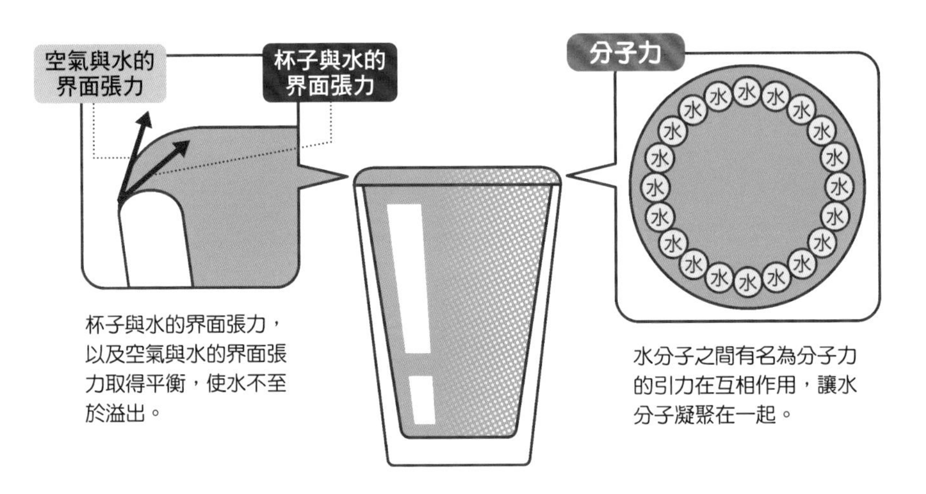

杯子與水的界面張力，以及空氣與水的界面張力取得平衡，使水不至於溢出。

水分子之間有名為分子力的引力在互相作用，讓水分子凝聚在一起。

▶關於接觸角〔圖2〕

因為玻璃和水的接觸角變小了，所以界面張力也會弱化。另一方面，荷葉與水的接觸角變大，使界面張力增強。

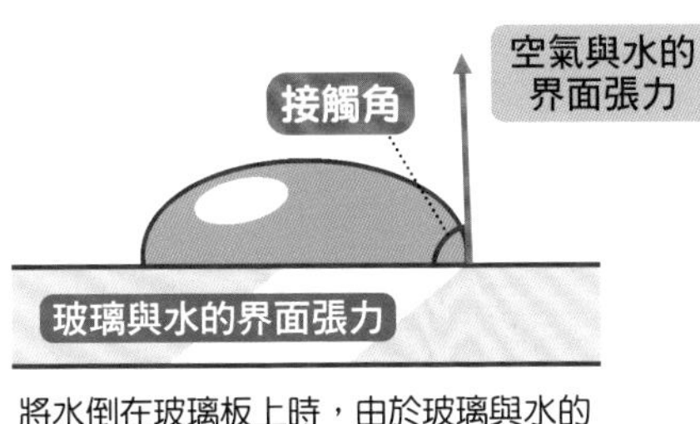

將水倒在玻璃板上時，由於玻璃與水的接觸角較小，所以水不會匯集在一起，而是向外溢流。

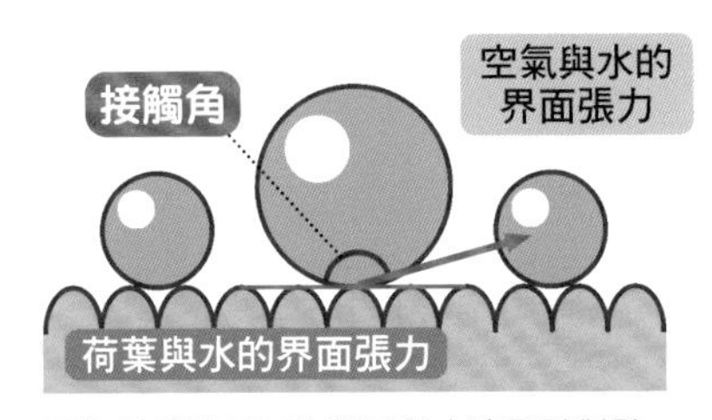

因為具備凹凸面的葉子與水滴是點對點的接觸，接觸角較大，所以水滴會因表面張力而聚集成圓。

假想科學特輯 2

人類可以在水面上奔跑嗎？

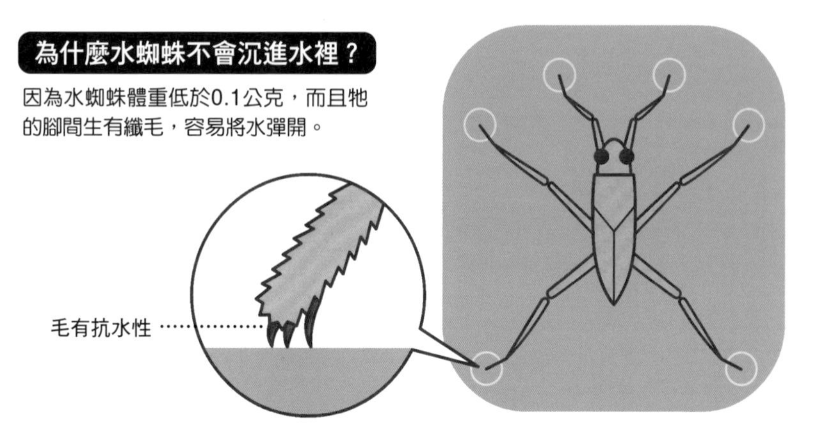

好想在水面上帥氣奔跑！各位有想過要用什麼辦法做到這件事嗎？

先來觀察一下水蜘蛛（水黽）吧。水蜘蛛可以順暢地在水面上移動，又不會沉入水裡，對吧？這是因為水蜘蛛腳尖上長有許多纖毛，使它行走時不會破壞**水的表面張力**（➡P.28）。因此水蜘蛛的腳就像荷葉一樣，擁有可以彈開水的能力。

這樣的話，如果人類穿上**撥水加工的運動鞋**，可以做到什麼程度呢？在這種情況下，向下拉拽的重力遠遠高於水的表面張力，所以人的腳會直接踩破水表面張力的防護。

接著來看看一種名為雙冠蜥的蜥蜴夥伴。這種蜥蜴會用後腳拍擊水面移動，迅猛地在水面上奔跑。這時牠會張開細長指尖中的皮膚，在腳下形成**氣穴**。因此能夠減緩身體沉到水裡的速度。透過在時限內快速踏出下一步的舉動，可在水面上奔跑超過4公尺。

人類在水上跑需要什麼條件？

假使要像雙冠蜥般奔跑，人類必須以時速100公里來奔跑！

那麼，人類能模仿雙冠蜥嗎？首先，必須要仿造雙冠蜥後腳的尺寸，做出30公分左右帶蹼的靴子。再加上，雙冠蜥連同尾巴全長約70公分，體重最重200公克。以雙冠蜥的行進時速5.4公里左右來換算人類成人男性的身高體重，得出人類的**時速應相當於104公里**。男子田徑100公尺短跑的世界紀錄為9秒58（時速約37.6公里），所以只要以**接近2.8倍的速度來跑就可以了**。

09 最快的划船方法是？

船靠著**槓桿原理**前進。
所以要**拉長支點與抗力點的距離**，全力划船！

為了構思快速滑船的技巧，得先來了解一下**槓桿原理**〔圖1〕。一般我們所理解的槓桿是：嘗試用一根棒子，將巨大的物體以微不足道的力氣搬動，這叫做**「第一類槓桿」**。划船時，支點與抗力點的施力方向相反，是屬於**「第二類槓桿」**。因為正在划槳的當事者也在動，所以很容易產生錯覺，誤認支點位置，但其實靜止的是船槳的前端，這裡才是真正的支點。

在槓桿原理中，抗力點與支點之間愈短、支點與施力點的距離愈長，就愈能輕鬆移動抗力點上的物品。因此若要輕鬆划船，理論上最好選擇施力點與支點距離較長的船隻。然而這麼一來，抗力點跟支點的距離又太近了，導致划一次槳可前進的距離非常短，速率明顯下滑。

於是我們可以這樣想：為了划一次槳就讓船大幅推進，我們「不可以輕鬆划」。換言之，我們要**反過來違抗槓桿原理**，縮短施力點與支點間的距離，增加支點與抗力點的距離。這樣雖然要花很大的力氣划槳，卻反而能前進很多〔圖2〕。

在划船賽上，槳手都是體型龐大，上半身壯碩的選手。畢竟他們為了提升船速，每天都在用魔鬼訓練提高自己的肌力。

船因槓桿原理而動

▶ 划船的原理是「第二類槓桿」〔圖1〕

槓桿的成效會因施力點、支點、抗力點的位置而改變。

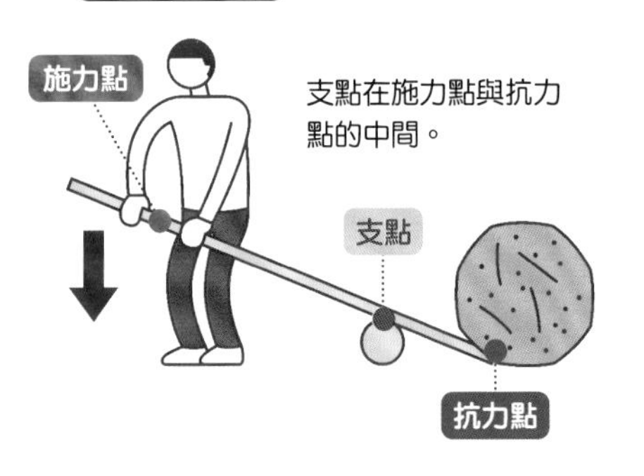

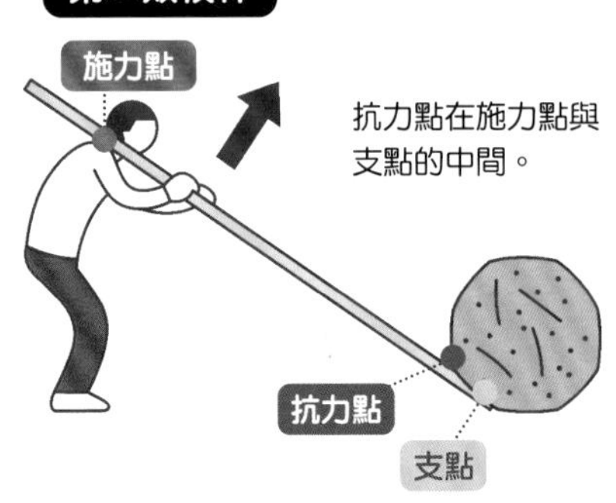

▶ 施力點、支點、抗力點的位置與前進方法的關係〔圖2〕

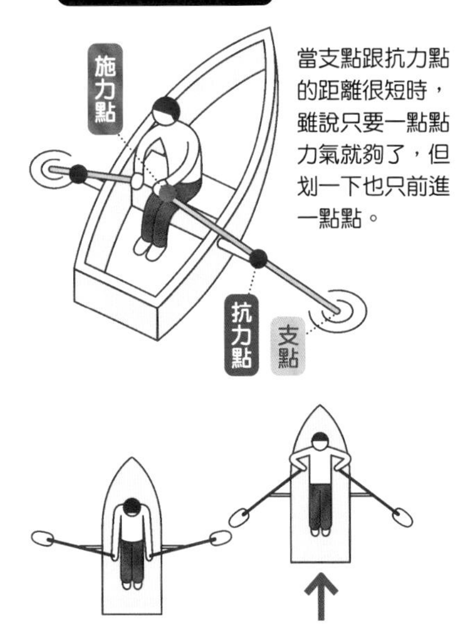

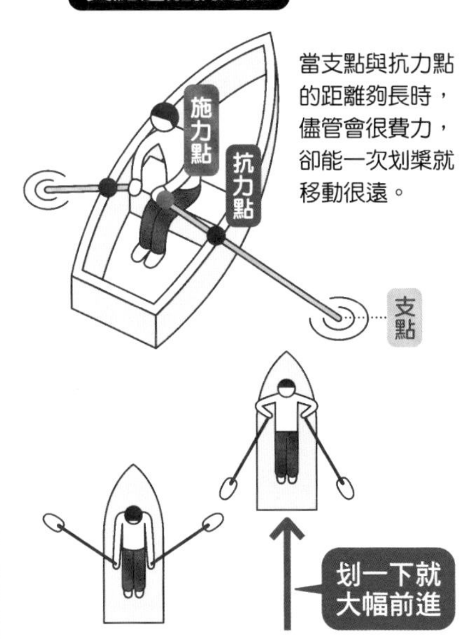

10 為什麼河川中央的河水流速比較快？

水所擁有的「黏性效應」便是原因。不同區域**摩擦力不同**，所以正中央附近的流速較快！

將木片丟入河川試試看吧。雖然河川中央的木片會迅速流動，鄰近岸邊的木片卻是緩慢流走，有時還會停滯不前。明明是同一條河，速度竟會因位置差異而大相徑庭，這是為什麼呢？

首先，讓我們想一想**水分子的構造**。水分子被以H_2O這個化學式來表示，液體的H_2O分子可以自由活動，因此也能按照周圍環境改變其外形〔圖2〕。

不過，說它們完全自由，卻也不盡然。H_2O分子之間互相會以一種名為**「分子力」**的微弱力量吸引，一旦身邊的分子有所動作便會跟著一起動。這叫做**「黏性」**。

所謂的黏性，就如字面上所寫，具有沾黏的性質，而且也存在於水這類觸感清爽的物質之中。由於這種黏性，水跟河川底部、岸邊等地面產生摩擦，因而影響到河川的流速。

河川愈靠近岸邊，也就是邊緣地帶就愈淺。因為邊緣地帶的流水受到岸邊和河底的**摩擦**而使流速減慢。受到流速變慢的流水影響，與之接觸的其他水流也會變得遲緩。如此一來，周邊流速趨緩，反倒是不太受到影響的河中央依然可以輕快地流動。

愈淺的地方，摩擦愈大

中間快，岸邊慢〔圖1〕

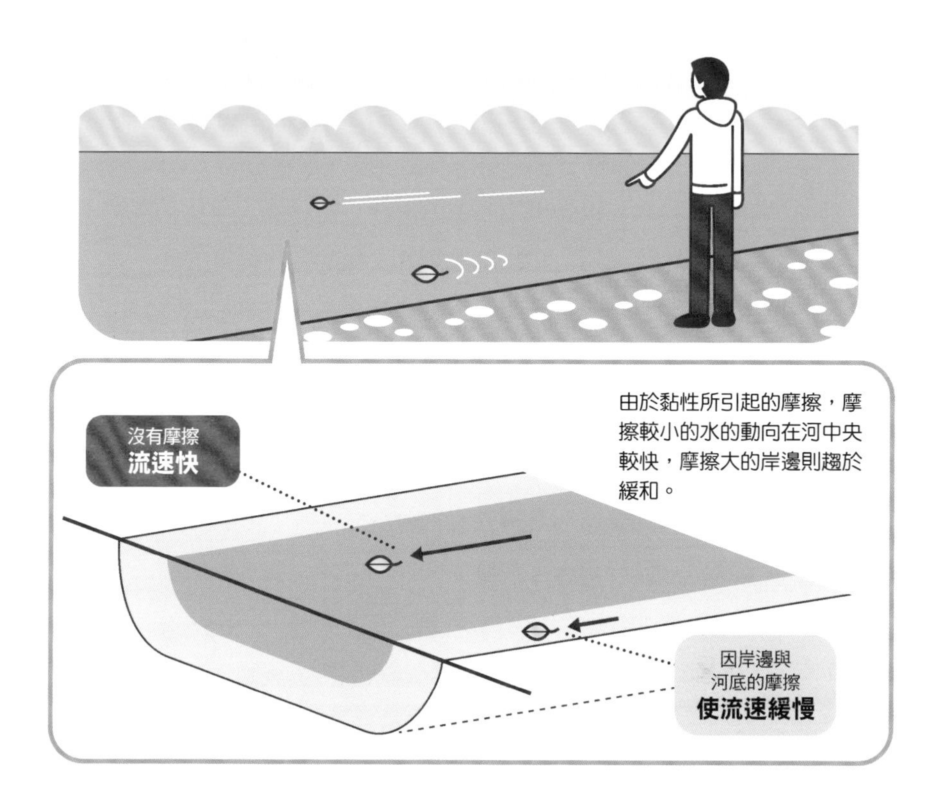

水分子會連帶周遭分子一塊行動〔圖2〕

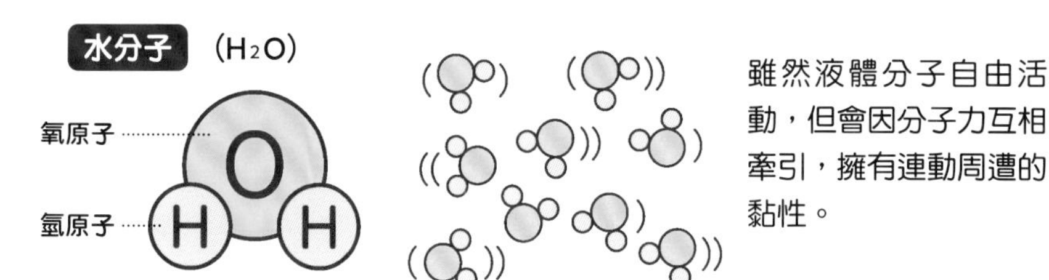

雖然液體分子自由活動，但會因分子力互相牽引，擁有連動周遭的黏性。

11 變化球是怎麼轉彎的？

球的動向因旋轉引起的**氣壓差**所產生的「**馬格納斯效應**」而改變！

在棒球運動上，投手會使用像是滑球、內飄球、曲球等彎向上下左右的各種變化球。這些變化球是以什麼樣的方法轉彎的呢？

飛機升上天空時會受到**「升力」**作用的影響（➡P.20），投出去的球也是這樣。

舉例來說，滑球這種變化球會藉由手指跟手腕讓球往水平方向旋轉，這麼一來，球左側的空氣就會流動得比右側的空氣還快，球受到從右往左的升力影響而向左彎曲〔圖1〕。

像這樣，一邊旋轉一邊在空中前進的物體，**會受到跟它原本前進方向垂直的力影響**的現象，叫做**「馬格納斯效應」**。棒球投手投出來的各種變化球，就是利用這項「馬格納斯效應」來改變球的動向。

球的旋轉數愈高，馬格納斯效應就愈強，球的變化也會因此增加。相反地，球的旋轉數若不夠就不會產生馬格納斯效應，而是在球後方生出**氣流旋渦**，讓球的變化變得不規則——所謂的蝴蝶球就是如此〔圖2〕。

創造「馬格納斯效應」的是升力

棒球球徑彎曲的原理〔圖1〕

球投出去時會讓球旋轉，藉此產生升力，使球徑彎曲。

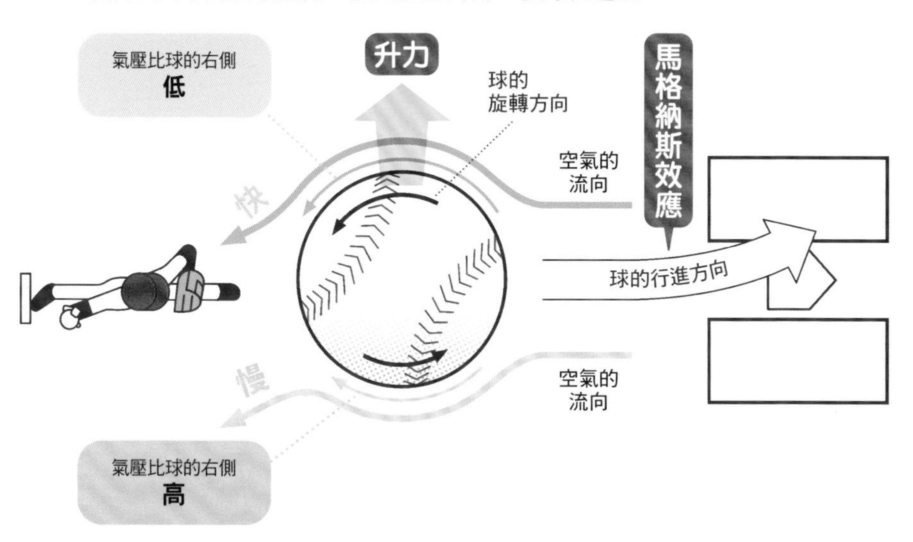

不旋轉球會產生不規則的變化〔圖2〕

不旋轉球的後方會形成不規則的氣旋。因為這些氣旋的關係，球的路徑將飄移且無法預測。

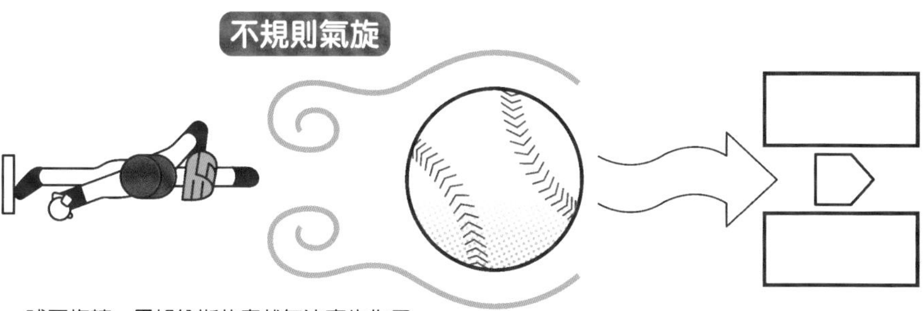

球不旋轉，馬格納斯效應就無法產生作用，
而且球的後方會出現不規則氣旋。

拱橋為什麼不會斷？

原來如此！

因為**梯形橫切面的石塊**彼此支撐，
作用力與**反作用力**共同運作！

古代建造的橋，有很多仍然保留至今。其中之一的拱橋，看起來明明沒有什麼特別的支撐物，卻能支撐1,000年以上而不坍塌，其祕密究竟為何？〔圖1〕。

著眼於其中一個組成橋用的石塊上時，會發現它的橫切面是梯形的。這梯形便是重點。儘管石塊因重力作用往下掉，但它兩側的石塊也是梯形，所以下落的力道便會分散開來。換言之，向下掉落的力道——也就是**重力——會壓在兩側的石塊上而分散成A跟B力**〔圖2〕。

這種下壓的力道，以物理的詞彙來講就是**「作用力」**，而反壓回來的力道稱為**「反作用力」**。拱形石橋會透過一顆石塊壓向兩側石塊來接收反作用力。藉著這種反作用力來支撐自己本身的重量。每一塊石塊都將力道推向兩側石塊，最後由兩側的地面來支撐整座石橋。石塊因反作用力而強力壓縮，所以沒那麼簡單變形。石塊的重量藉由拱形結構傳遞到兩端身上，而且石頭本身的重量讓橋的各個部分互相嵌入支撐，十分穩定。

如今拱橋結構也依舊在被人們運用，像隧道的形狀就是一例。跟橋樑一樣，透過將上方的重量釋放到兩側來避免其坍塌。

兩側石塊受到反作用力而互相支撐

千年不壞的拱橋〔圖1〕

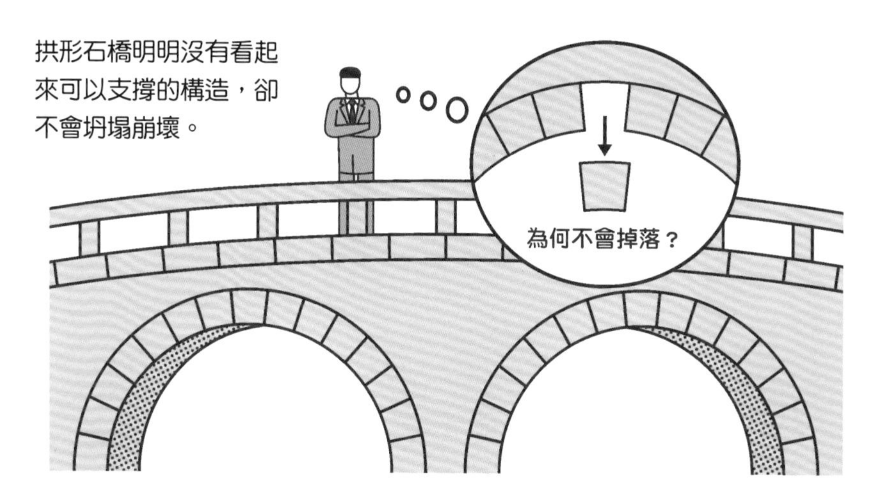

梯形石塊彼此的作用力和反作用力〔圖2〕

將石塊做成梯形，藉由石塊向兩側下壓所獲得的反作用力來支撐自身重量。以拱橋構造分散重量，最終將重量傳到橋的兩側。

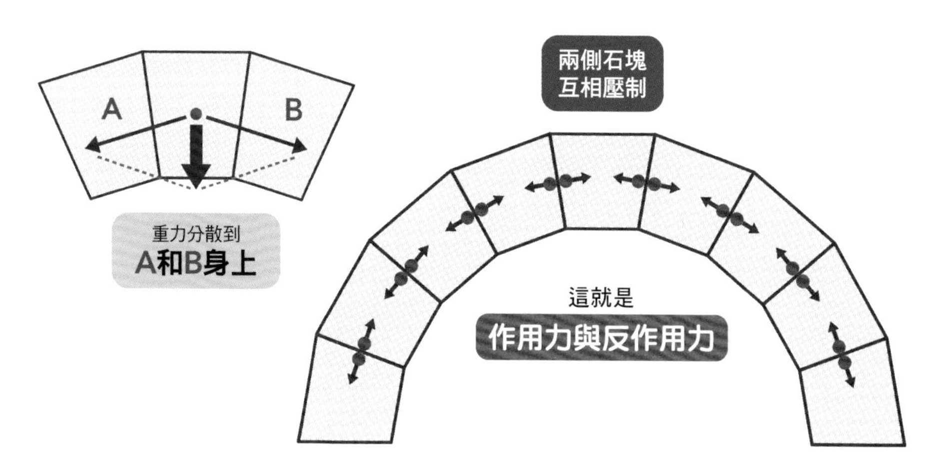

假想科學特輯 3

有可能造出一座連接日本和美國的橋嗎？

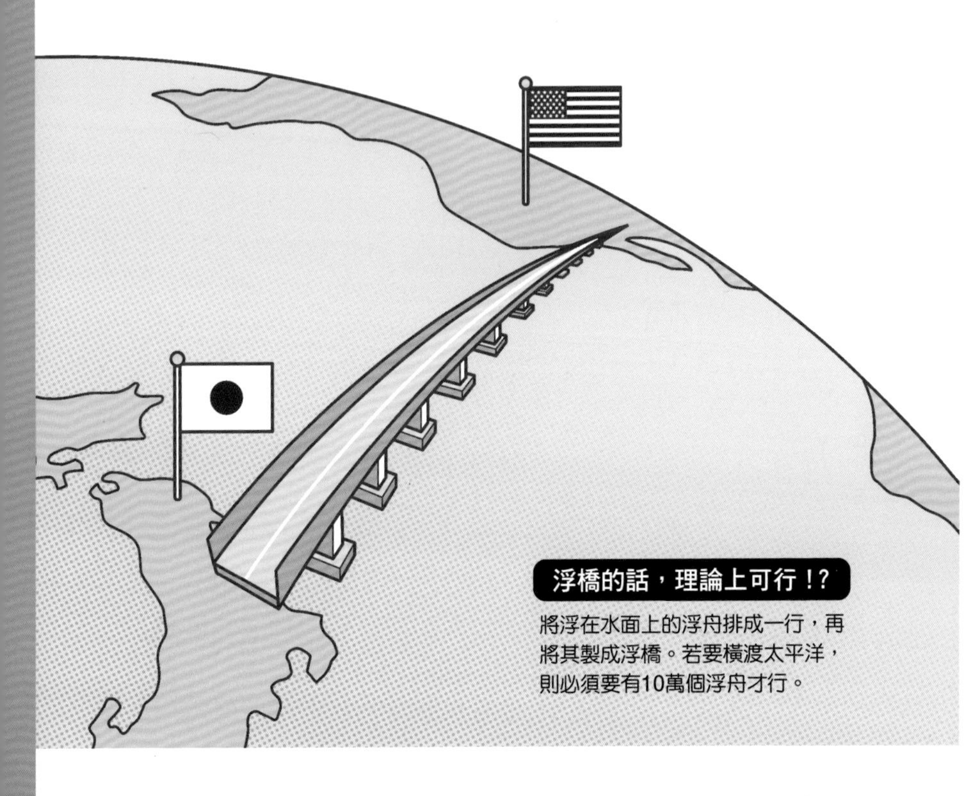

是否可以建造出一座橋，讓它從日本橫跨太平洋直達美國呢？**距離約為8,800公里**。雖然是一座要不眠不休以時速100公里開整整三天又十六個小時才會到達對岸的橋，但要是有的話應該會很方便吧？

接下來，一般長橋適合做成**斜張橋**或**吊橋**的構造〔右圖〕。這類橋種會在建造高塔以後，再從塔上拉出懸索吊起橋樑。全球最長的海上橋樑是連接香港、中國廣東省珠海市、以及澳門的港珠澳大橋，全長55公里，這也是一座斜張橋。

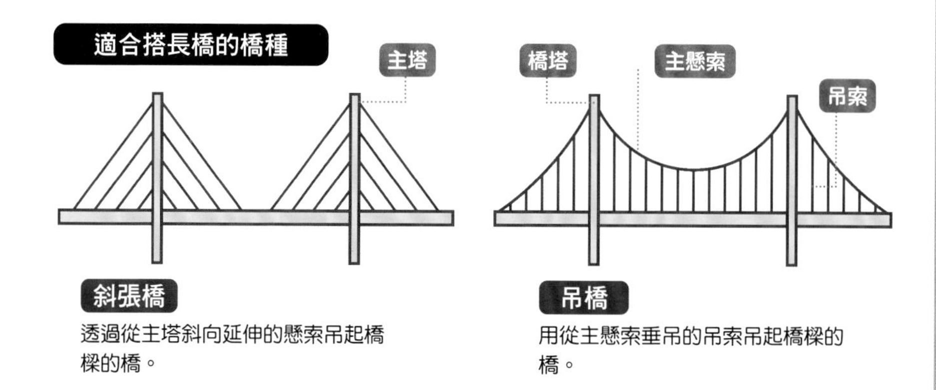

斜張橋
透過從主塔斜向延伸的懸索吊起橋樑的橋。

吊橋
用從主懸索垂吊的吊索吊起橋樑的橋。

建造斜張橋時，必須先建好作為主軸的橋墩。不過分隔日本和美國的太平洋深達數千公尺，因此實際建設橋墩時會耗費大筆的金錢與時間。事實上，在打造連結海峽兩岸的道路時，隧道才是首選，畢竟大海既寬廣又深邃，很難搭起橋墩。

那做**浮橋**怎麼樣？所謂的浮橋，是將鋼筋混凝土製成的、名為浮舟的方型浮筒大量排在一起，並在其上搭建橋樑的一種橋。

世界上最長的浮橋，是一座連結美國華盛頓湖東西岸，全長2,350公尺，名為SR520的橋。它連接了23個相當於一個足球場面積大小的浮舟。**預計只要用這種方法排列十萬幾千個的浮舟，就能建成一座橫跨太平洋的大橋**。

……嗯，數字計算上是可以實現的。然而在現實上，這座橋長年暴露在風浪等海上的自然威脅中，施工極為困難。即使造完這座橋，要在這些威脅下維護橋樑也是不可能的事。

要去美國的話，果然還是搭飛機或乘船渡海比較好吧。

13 火箭是如何飛到太空的？

藉**作用力**及**反作用力**的原理升空，
減輕機體重量，以超高速度飛行！

一枚火箭飛向遙遠的太空。它是怎麼飛上去的呢？

火箭強力噴射出氣體，再透過氣體的反動起飛升空。所謂的反動，可以透過**作用力**與**反作用力**（➡**P.26**）來解釋。

火箭向後方噴出猛烈的氣體（作用力），獲得與之相等的逆向力道（反作用力），並將其當作自身的推進力〔**P.44 圖2**〕。日本JAXA（宇宙航空開發機構）的H-ⅡB火箭的質量約為531噸重，它會以擺脫地球引力的速度飛上天。

比較容易用來想像這個畫面的應該是氣球。一旦放開壓住塑膠氣球開口的手，氣球就會一邊噴出空氣一邊飛走。這正是火箭飛行的方式。

火箭飛行原理的第二項，是關於**火箭推進力**的部分。觀看火箭發射影片時，是不是會看到它沿途分離某些東西呢？那些是裝載大量**燃料**與**氧化劑**的燃料油箱〔**P.45 圖4**〕。火箭會爆炸性地大量燃燒燃料，以獲得巨大的推進力。之後飛行時再將這些用完的燃料箱與囤積氧化劑的機體剝離扔掉。

機體輕一點就能提升飛行速度。這一點可用**「動量守恆定律」**說明。動量的算式寫作「質量×速度」。氣體噴射的動量具備以下關聯性：

▶動量守恆定律〔圖1〕

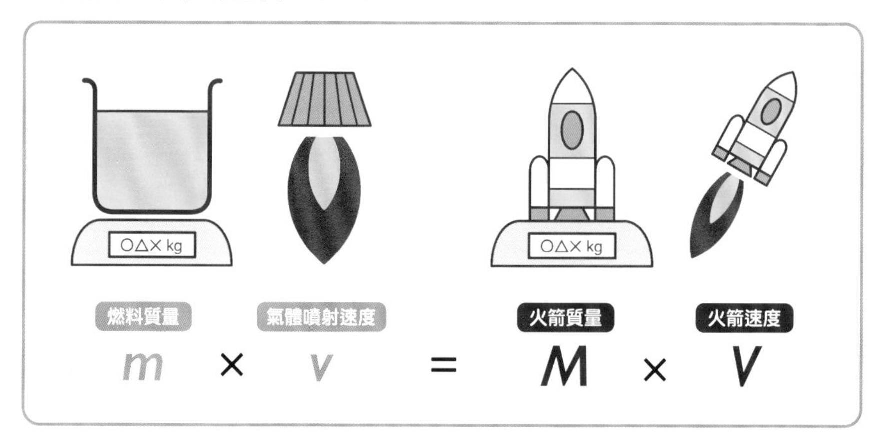

等號（＝）左右兩邊的作用力與反作用力相當，所以數值幾乎同等。這條算式也顯示出其關係：*M*值愈大，*V*值就愈小；*M*值愈小，*V*值就愈大。也就是說，利用火箭藉噴射氣體所得到的動量，再減少火箭自身的質量，就得以提升火箭的飛行速度。假使火箭朝向正確的方向，並**以每秒7.9公里以上的速度飛行的話，就可以進入貼合地球表面繞行的軌道中**（➡**P.18**）。若是以每秒11.2公里以上的速度飛行，便能甩掉地心引力，穿出太空軌道。

順便說一句，觀看火箭發射升空的畫面時，可以看到火箭似乎不是往正上方直飛，而是側向偏移。這是因為火箭面向地球自轉的東方出發的緣故。連地球自轉的速度也成了火箭的助力，所以它能獲得更快的飛行速度〔**P.44 圖3**〕。

使火箭起飛的是作用力和反作用力

以噴射氣體的力道取得火箭推進力〔圖2〕

如同橡膠氣球般，火箭透過噴射氣體的力量（作用力）獲得推進力（反作用力）飛行。

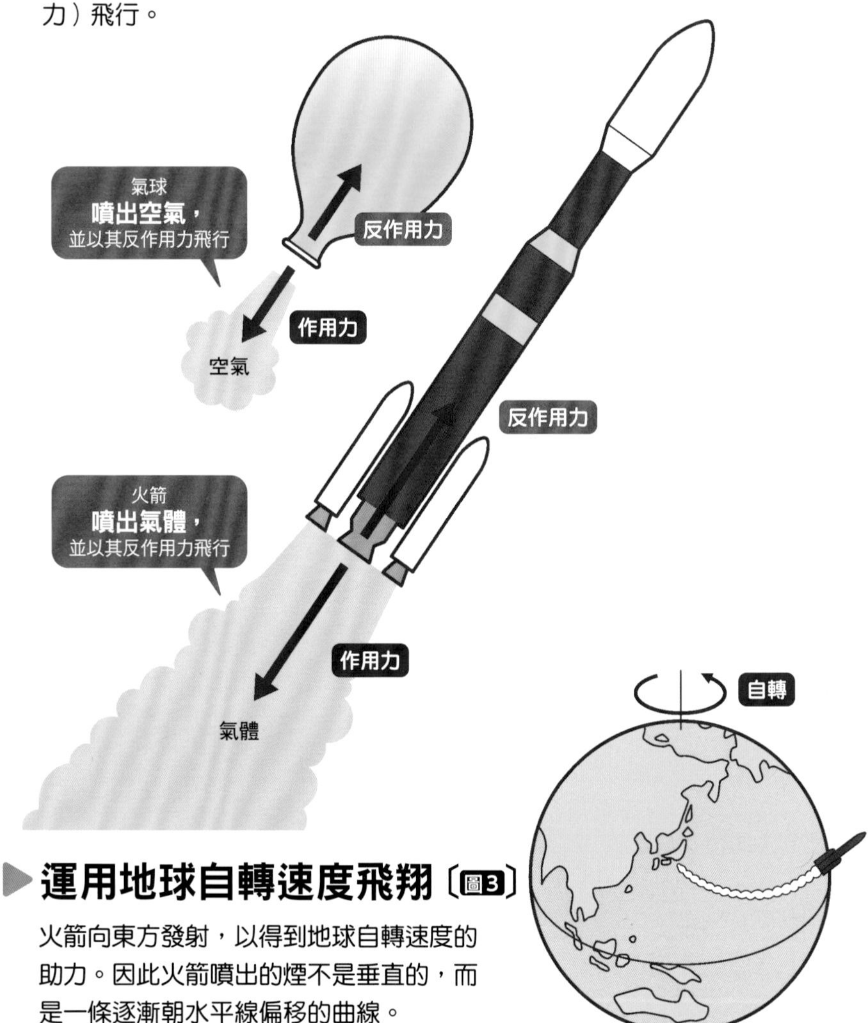

運用地球自轉速度飛翔〔圖3〕

火箭向東方發射，以得到地球自轉速度的助力。因此火箭噴出的煙不是垂直的，而是一條逐漸朝水平線偏移的曲線。

捨棄用完的機體後加速遠去

火箭機體內部大半都是燃料與氧化劑〔圖4〕

火箭會囤積大量燃料和氧氣（氧化劑）再出發。燃料跟氧化劑用完後，就會從機體剝離。這麼做可以讓火箭變輕，速度增加。

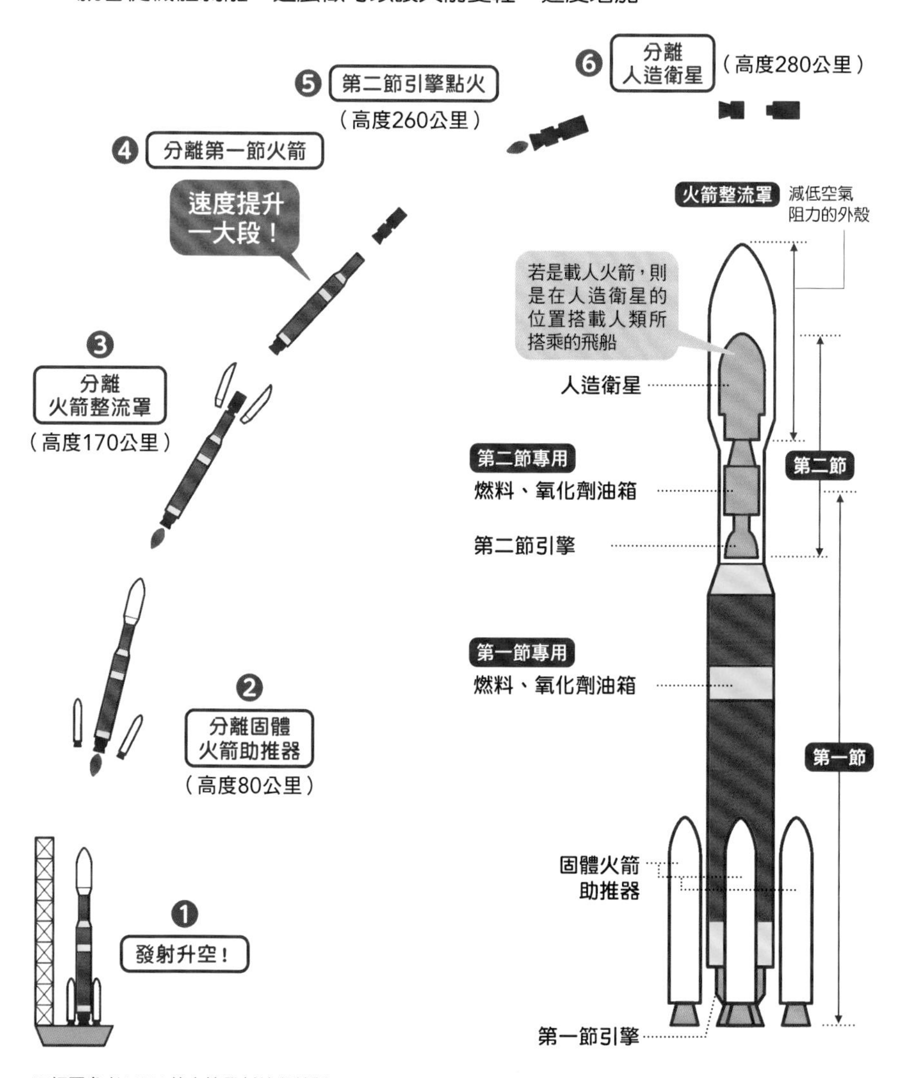

※插圖參考JAXA的火箭發射片段繪製。

14 直升機在空中飛翔的原理是什麼？

上方的螺旋槳會產生**升力**和**反作用力**，
機尾的螺旋槳則用於**穩定機體平衡**。

講到除飛機以外在天上飛的機器，就會想到直升機。它的外表跟飛機完全不一樣，所以它到底是怎麼飛起來的呢？

直升機是透過裝在機體上方的旋翼（螺旋槳）旋轉飛行的。這個旋翼稱為**主螺旋槳**。

主螺旋槳的剖面外形類似飛機的主翼。因為上面比較高，所以空氣流動會產生變化，促使上方的氣壓比下方低。螺旋槳從中獲得**升力**（➡P.20），並且受到跟放風箏一樣的**反作用力**而讓機體上浮。

但是，只有裝主螺旋槳的話，機體就會朝主螺旋槳的反方向轉。於是機體後方加裝的小小機翼——**尾翼**便派上用場了〔圖1〕。

尾翼以跟主螺旋槳不同的方向旋轉，這麼一來，**就能抵銷主螺旋槳的旋轉力道，重整機體方向**。順便一提，也有一種是從後方噴出氣體來代替尾翼穩定機體的直升機。

透過讓直升機機體與主螺旋槳一同傾斜，便能讓直升機飛往預期的方向〔圖2〕，甚至還可以讓直升機停在空中不動（滯空）。

用兩個螺旋槳讓機體飛起來

螺旋槳有兩個〔圖1〕

由於主螺旋槳的旋轉而生成升力與反作用力。為了讓機體筆直前行，也要運用尾翼的力量。

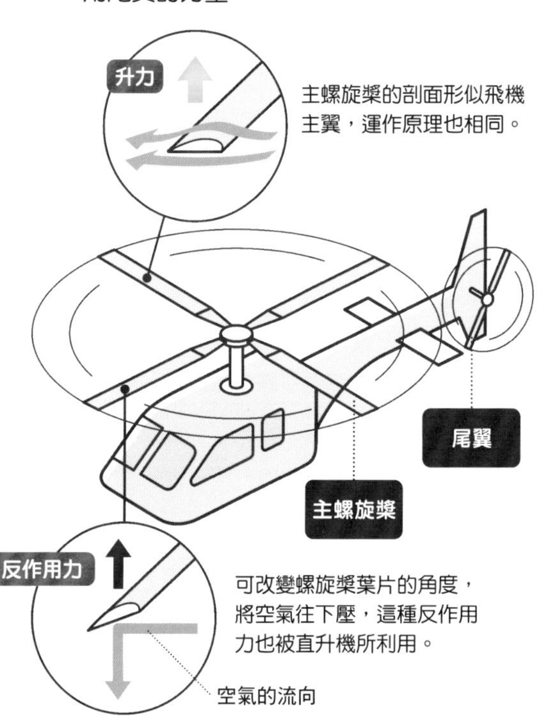

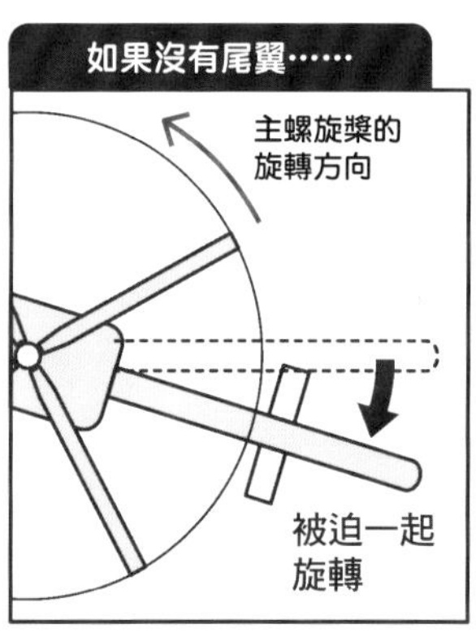

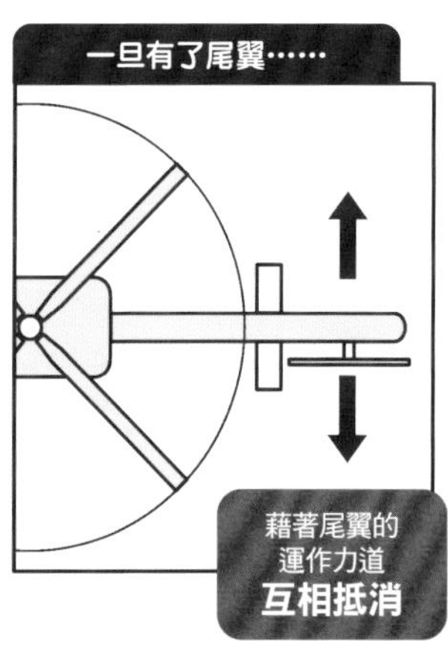

改變方向要連機體一起動〔圖2〕

連同機體一併傾斜，就能前後左右移動。

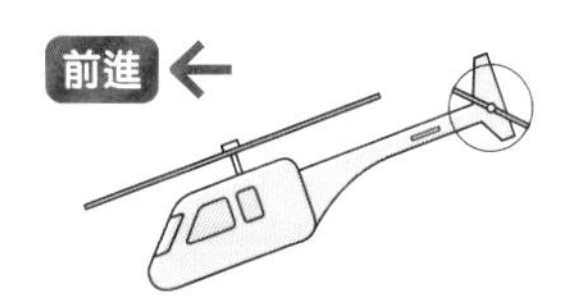

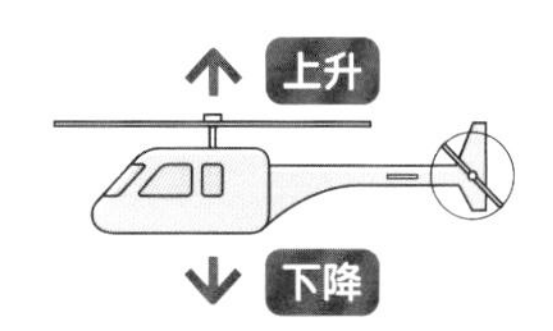

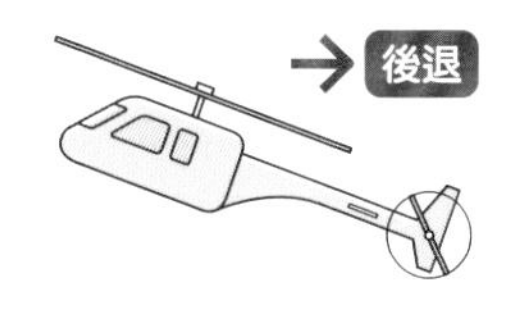

假想
科學特輯
4

想在身上裝竹蜻蜓，

目的
想裝竹蜻蜓
在天上飛！

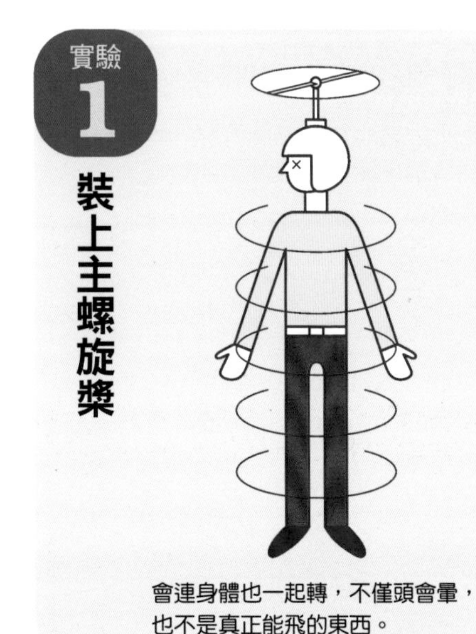

實驗
1
裝上主螺旋槳

會連身體也一起轉，不僅頭會暈，
也不是真正能飛的東西。

「我要在頭上裝竹蜻蜓，自由翱翔空中！」這應該是任誰都曾想過一次的夢想吧？在物理學上，這種夢幻道具有可能會實現嗎？

以直升機的結構（➡P.46）作為參考，首先，**在頭上裝一個主螺旋槳**怎麼樣？這樣的話，就會因頭上的旋轉力而使身體也一起旋轉，令人暈頭轉向。而且還會呈現上吊的狀態，危險極了。

那麼，像直升機一樣**加裝尾槳**如何？如此一來就能跟直升機一樣控制姿勢了。但是，上吊的姿態還是沒有解決。要是維持這個狀態的話，自己的體重全部都會由脖子來支撐，產生相當大的負擔。脖子是很難鍛鍊到的部位，就算透過訓練令脖子長出肌肉，但不得不說，把自己的身體吊在一根脖子上也是很亂來的一件事。

為了避免這種旋轉、上吊的狀態，就只能**做出像滑翔翼那樣裝有**

自己一個人飛上天！

實驗 2

加裝尾槳

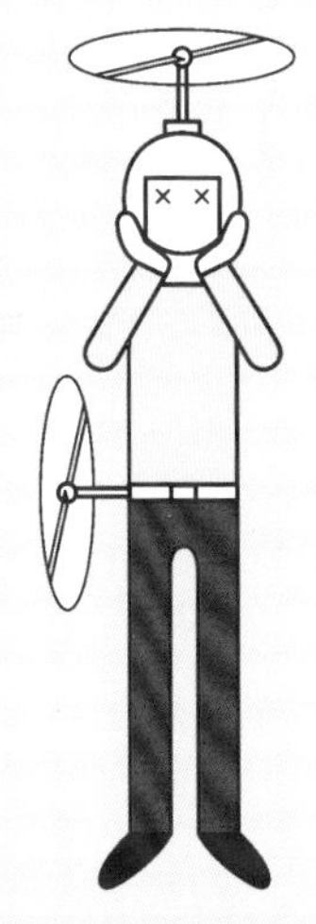

不得不讓脖子支撐整個身體的重量，非常危險。

實驗 3

在骨架上裝螺旋槳

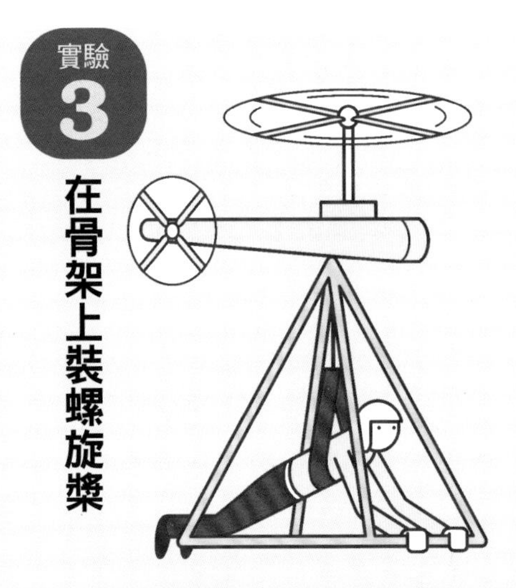

身體不會旋轉，也不會帶給脖子負擔。只不過，它已然成為一架「單人直升機」。

螺旋槳的骨架，才不會增加人體的負擔。骨架最上面裝設主螺旋槳，最後還必須在側面加裝尾槳，好抵銷掉骨架的旋轉。

　　這樣就能在天上飛了吧。可是，這已經算是一架「單人直升機」了呢……。

15 為什麼搭飛機時耳朵會痛？

原來如此！

由於**氣壓急速下降**，
耳膜內的空氣壓迫到鼓膜所導致！

在天氣預報之類的地方，時常會聽到**「氣壓」**這個詞。氣壓是**大氣所給予的壓力**。地面上所有物體，每1平方公分會受到大概1公斤的壓力（即1氣壓）。我們的身體即使承受壓力也不會壞掉，是**因為我們體內也同樣回推1氣壓的關係**〔**圖1**〕。

空氣在愈高的地方就愈稀薄，氣壓也會下降。舉例來說，噴射機在1萬公尺上空飛行時，氣壓差不多是0.2左右。調整飛機內部的氣壓，讓它保持在0.8氣壓上，就能緩和氣壓的差異，不過即使如此，這也相當於日本富士山五合目地區的低氣壓（約海拔2,305公尺）。

耳朵的鼓膜內側有一塊空間連接鼻子與喉嚨。這部分的氣壓若比外側還高，氣壓就會**從鼓膜內側壓迫耳朵**。所以這時候才會出現疼痛〔**圖2**〕。

此時要是打個呵欠，疼痛便會消失。其原理在於打呵欠時，耳朵內部與鼻腔深處連通的**「耳咽管」**打開了，耳朵內部的空氣得以溢出，降低壓力。

順便一提，從水壓高的深海裡撈上來的魚會內臟爆裂，也是同樣的道理。因為地面上的氣壓比海底低，魚體內的東西向外膨脹，故而產生這種現象。

體內受到1氣壓的壓迫

大氣壓力減弱，體內壓力獲勝〔圖1〕

地面上的大氣是1氣壓，不過在飛機裡變成0.8氣壓。
身體內部的壓力就會比較強。

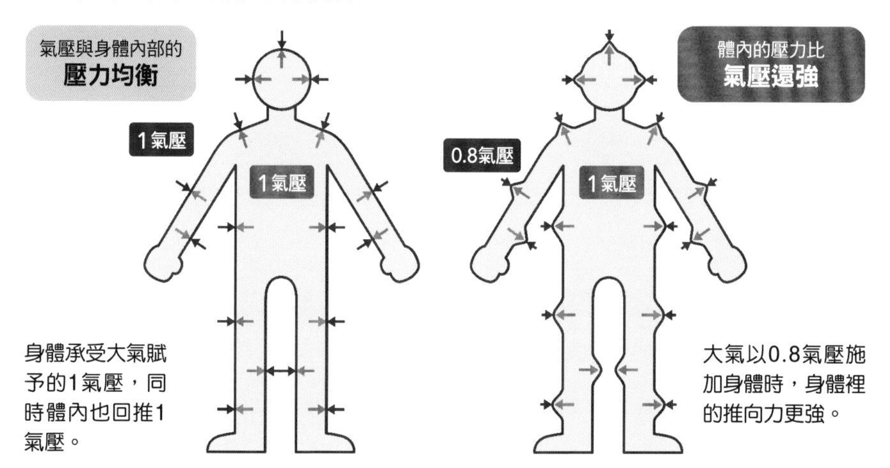

鼓膜被耳朵內部施壓〔圖2〕

如果耳朵外的氣壓突然降低，耳朵裡的氣壓就會升高，使耳朵開始疼痛。

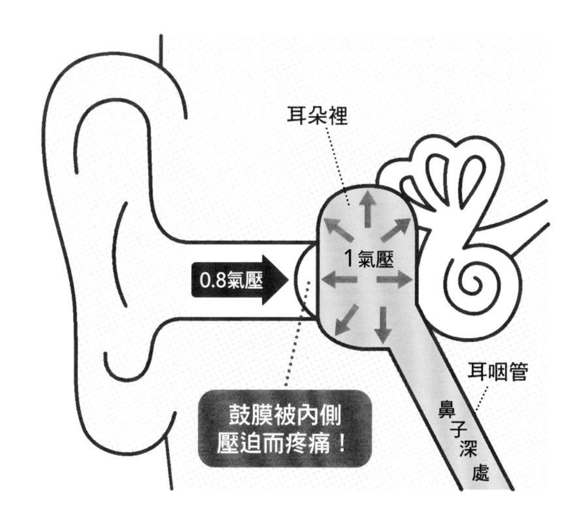

16 潛水夫病是什麼樣的病？這種病是如何引發的？

原來如此！

氣體因潛水而**溶解在血液裡**，
產生「**氮醉**」和「**減壓症**」！

所謂的潛水夫病，是在進行水肺潛水等活動時，由於壓力變化而產生的身體損傷。分為深潛時出現的**「氮醉」**，以及上浮時出現的**「減壓症」**兩種症狀〔右圖〕。

氣體有**「受到高壓時容易溶在液體中」的性質**。像碳酸飲料便是在加壓的水中溶入大量二氧化碳所製成。一旦轉開瓶蓋，二氧化碳的氣泡就會不斷冒出。這是源於壓力藉瓶蓋的打開而下降，使得未完全溶解的二氧化碳跑了出來。

潛水後水壓變高，許多氣體便開始溶進血液裡。在潛水員揹著的氣瓶內，裝有約8成的氮氣與2成的氧氣。**如果氮氣大量溶解在血液中，人的思考力和運動能力就會變遲鈍**。這就是氮醉。

相反地，假如長期處在壓力高的水裡，再突然急速上浮會怎樣？**血液中溶解的氣體將變成氣泡出現在身體裡**。這種減壓症就跟打開碳酸飲料瓶蓋時出現氣泡的情況一樣。而且這些氣泡還有可能造成血管栓塞。

兩者都是因壓力急遽變化而發病。所以讓身體一點一點慢慢習慣周遭壓力是很重要的事情。

施加壓力後，氣體會大量溶入液體中

氮醉與減壓症

氣體有一個性質是，在高壓下會大量溶解在液體裡。氣壓急速上升後，氮氣大量溶入血液中會產生「氮醉」；氣壓劇烈下降後，血液中出現氣體便成了「減壓症」。

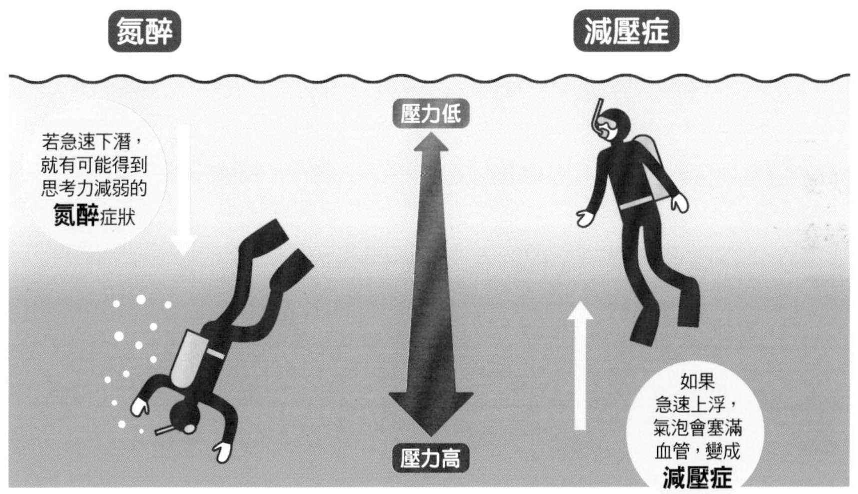

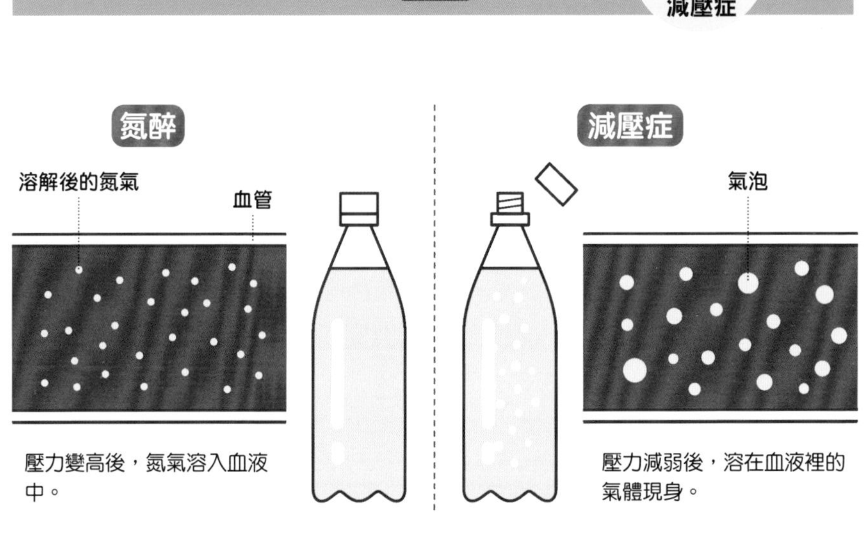

壓力變高後，氮氣溶入血液中。

壓力減弱後，溶在血液裡的氣體現身。

還想知道更多！
精選物理學
②

Q 人類有可能不用裝備就潛到深海200公尺嗎？

潛得下去 or 潛不下去 or 可以潛得更深！

自由潛水是不用水肺等呼吸器材的潛水活動。大海深約200公尺左右便是光幾乎照射不到的「深海」區域。那麼，人類可以自由潛水抵達這樣的深海中嗎？

在水裡，水的重量會作為**「水壓」**施予我們身上。到100公尺深時，周圍的水以每平方公分約11公斤的力道壓向我們。沒受過訓練的人潛到2公尺就覺得耳朵痛了，說不定還會得到**潛水夫病**（➡**P.52**）。

我們就算想吐出肺裡所有的空氣，也只能呼出進入肺裡頭的空氣的⅘而已。剩下的⅕需殘留肺中以維持肺的形狀。**這⅕的大小是保持肺正常運作的最小尺寸**，如果低於這個範圍，便會開始損害肺功能。

自由潛水潛得愈深，肺就會因水壓的壓迫而變得愈小。我們將肺部小於⅕的尺寸並開始損害肺部的狀態稱為**「肺泡擠壓」**。

因此長期以來，世人皆認為自由潛水有所極限。不過曾有法國人潛到100公尺並生還。

從這件事開始人們了解到：人類的身體可依訓練來適應水壓。醫學調查發現，到肺部變形時，肺部周邊臟器會提供援助，達到其他臟器努力支持肺部的狀態。

自由潛水有一種比賽項目叫做無限制潛水。規則是搭乘滑橇這種移動工具下潛，之後也可以透過滑輪浮出水面。以這種方式的潛水已有超越200公尺的紀錄〔下圖〕。

也就是說，正確解答是「（依訓練狀況）可以潛得更深！」。

重大潛水紀錄

水深	年份	人物
100 m	1976年	Jacques Mayol（法國）
122 m	2016年	William Trubridge（紐西蘭）
103 m	2017年	廣瀨花子（日本）
※ 214 m	2007年	Herbert Nitsch（奧地利）

※搭乘名為滑橇的移動工具的紀錄。

17 為什麼冰上容易滑倒？

因為**冰被踩會變成水**，
這層**水膜**讓我們容易腳滑！

冰上光溜溜又很滑，這是為什麼呢？

冰本身擁有施加壓力後會變成水的性質。固體（冰）變成液體（水）時的溫度叫做**「熔點」**。若在冰上施加壓力，這個熔點就會變低，讓冰開始融化。這種現象稱為「復冰現象」。

在冰上行走時，在這復冰現象的作用下，腳下瞬間生成薄薄一層水膜，所以才會變得容易打滑〔圖1〕。

難以打滑與容易打滑之間的差別，是由「摩擦」的程度而定。我們可以在地上行走不易滑倒，是因為鞋子跟地面上都有不平滑的凹凸面，摩擦力很大的關係。

而冰的表面雖然也有不平滑之處，但在冰上行走時有前述的水膜在。這片水膜填補了表面的凹凸不平並減少摩擦，而且水又不能維持固定型態，所以才會變得容易滑行。順便一提，冰壺運動也有運用到這個復冰現象的原理〔圖2〕。

另外，在近期的研究中，發現**冰的表面上原本就有型態接近水的薄層**。即使在冰不好融化的酷寒環境裡冰上也很滑，就是這個原因。

因為復冰現象產生的水膜而腳滑

水膜讓腳打滑〔圖1〕

站在冰上，冰面上會因為壓力而形成一層薄水膜減少摩擦力，而且液體的水很難維持外形，所以腳很容易滑。

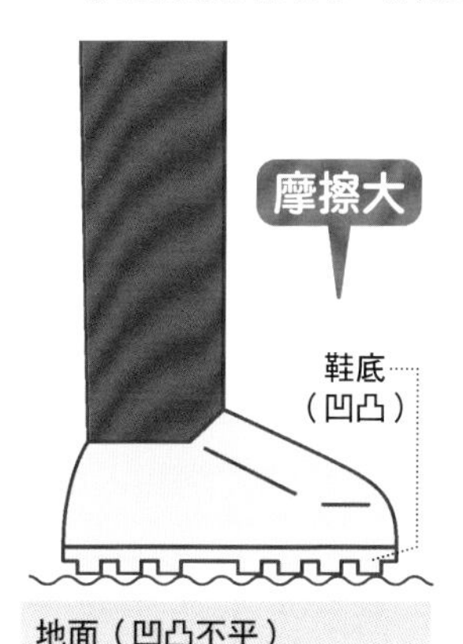

因為都凹凸不平，所以摩擦力很大，而且地面形狀固定，不容易滑倒。

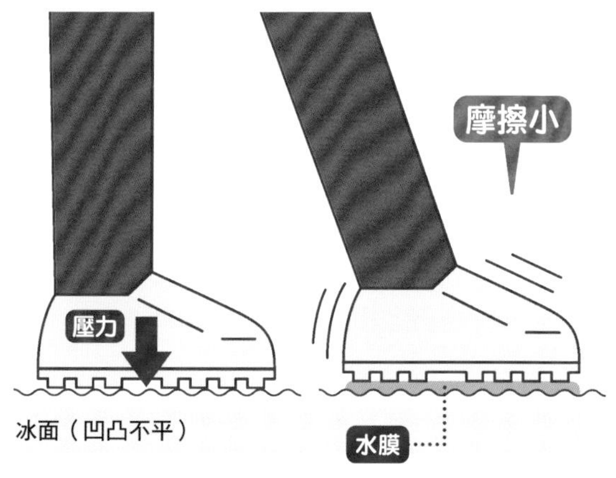

冰本身的摩擦力就很小，再加上施壓後表面的冰會變成水，水又不能在液體的狀態下保持外形，因此才會腳滑。

冰壺運動也是靠水膜減少摩擦〔圖2〕

在冰壺運動裡，冰面上的小冰粒（Pebble）會因石壺的壓力而暫時化成水，摩擦力下降後就能在冰上滑行。

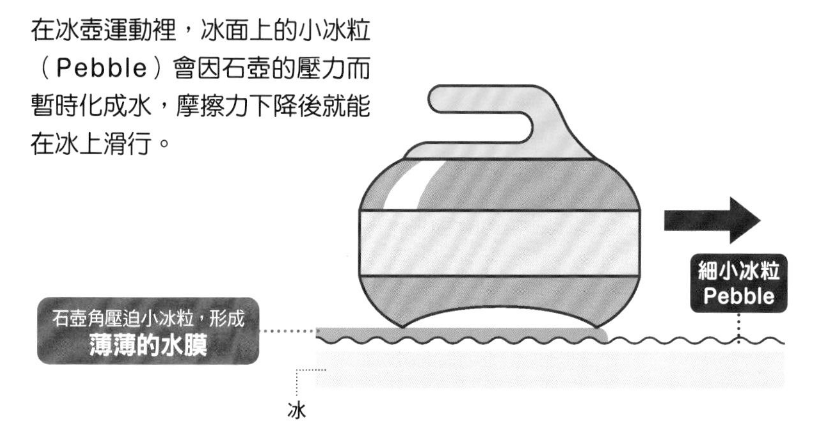

18 花式滑冰選手為什麼可以高速轉圈？

因為根據「**角動量守恆定律**」，收攏雙臂會**讓轉圈速度變得更快**！

花式滑冰選手總是轉圈轉到令人擔心他們頭會不會暈的程度。為什麼他們可以像那樣轉圈呢？

選手得以用旋轉技不斷轉圈的原因，在於冰刀鞋的刀刃與冰面之間的**摩擦力相當小**。一旦摩擦小，在不受外力作用下，**旋轉動量（質量×速度×手腕長度）**就會維持不變（**角動量守恆定律**）。也就是只要開始時用力踏一下，選手就能讓自己幾乎不停歇地持續旋轉。

另外，選手旋轉時，有一種緩緩旋圈再逐漸加速的表演。**角動量**可用「**角動量＝質量×旋轉半徑^2×角速度**」的公式來表示。即使角速度或旋轉半徑有所變化，這項角動量也不會改變〔右圖〕。

要解釋這是怎麼回事，簡單來講就是選手伸展雙臂開始旋轉，之後再將雙手收攏起來；這時因為**旋轉半徑變小了，角動量卻不變**，導致旋轉速度倍增。如果旋轉半徑是原來的¼，那麼旋轉速度甚至可以高達先前的16倍。

花滑選手就是這樣創造出高速旋轉技法的。

旋轉半徑變小，便會加速旋轉

花式滑冰的旋轉技

依照角動量守恆定律，如果在張開手旋轉的狀態下收攏雙臂，旋轉半徑就會變小，旋轉速度則是有所提升。

角動量 ＝ 質量 × 旋轉半徑^2 × 角速度

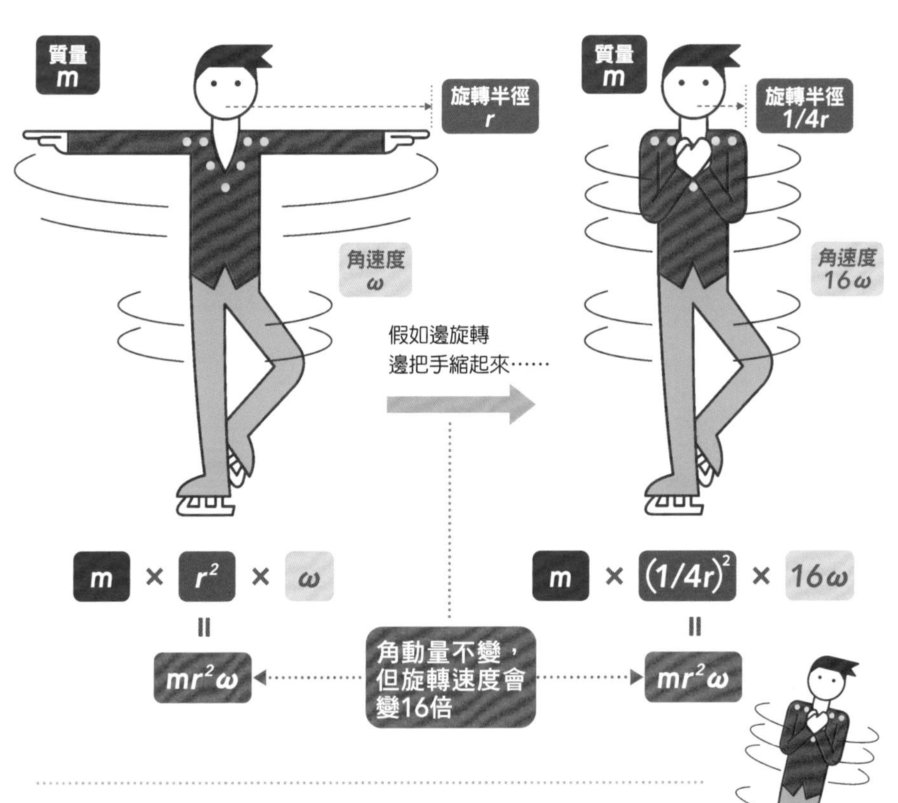

進行三周跳、四周跳的選手，最初會為了加速而將手張開，在跳起來的同時緊緊收攏雙臂，努力縮短旋轉半徑到極限，藉此盡可能在滯空期間多轉幾圈。

19 為什麼用幫浦可以把水吸上來？

因為**虹吸原理**利用「**液面高低差**」使液體流動！

上下加壓手動幫浦時，液體能被幫浦吸上來轉移到別的地方……現在這種手動幫浦很少見了，但它卻是更換煤油暖爐的煤油時常見的光景。這「幫浦」究竟是什麼樣的結構？

我們以煤油的更換為例。放幫浦的時候，會把塑膠油箱放在液面高於暖爐油箱液面的位置。一開始壓個幾次，讓油管中充滿煤油，之後煤油就會自動從塑膠油箱流進暖爐油箱裡頭。

這其中用到了**「虹吸原理」**。這個原理是：只要管中填滿液體，就算管子中間比較高，**液體也會從液面高的地方流到低處**。雖然液體能自由變換外形，但分子之間卻會互相吸引，由於管子裡 b 的部分比較重，所以它會連帶其他部分一起移動〔圖1〕。

虹吸原理也常運用在大型水槽或游泳池上。而且沖水馬桶的排水也有用到這項原理。藉由排便後的沖水動作大量囤積水量，讓水管裡也充滿了水，這些都是虹吸原理的作用〔圖2〕。

就算中間位置較高也不會影響液體移動

▶所謂的虹吸原理〔圖1〕

液體會從液面高處往低處流，直到液面高度相同為止。

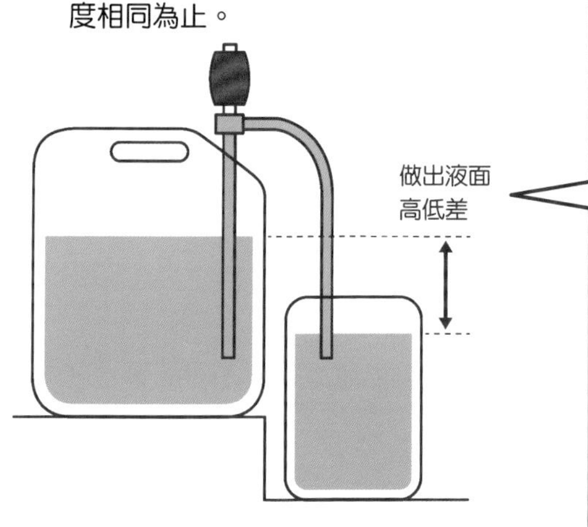

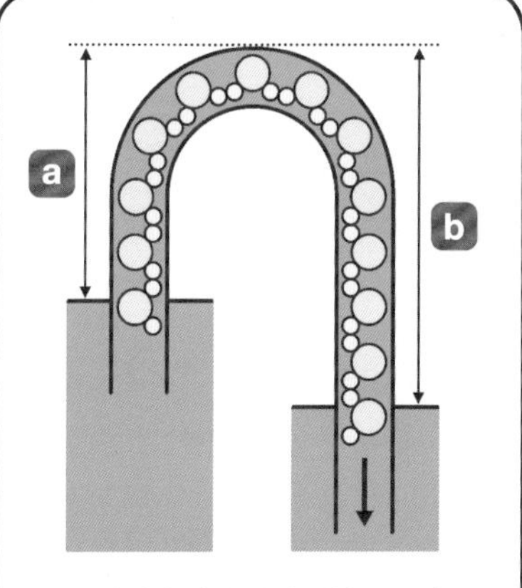

預設從水位高的地方到管內最高點的一段距離為a，水位低的地方到最高點的距離為b。屆時因為b既比a大，又比a重，所以水被引向b的方向，往低水位的地方落下。

▶沖水馬桶的構造〔圖2〕

沖水馬桶會一次匯集水量，並讓水填滿排水管，藉由虹吸原理將馬桶裡的水全部流掉。

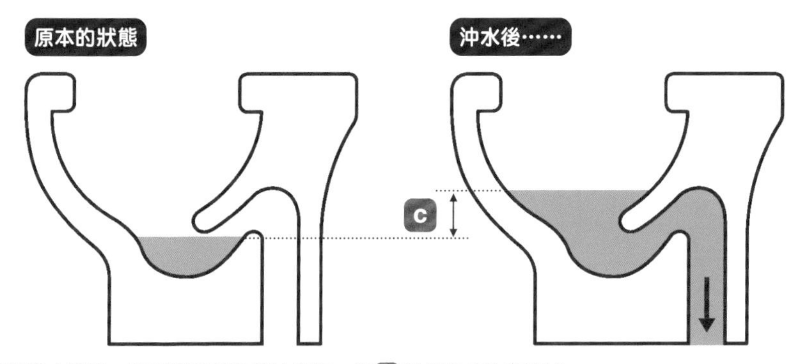

水塞滿排水管後，虹吸原理就會開始運作，將c部分的水位差排掉。

20 湯碗的蓋子放久了會變難開是什麼原因？

由於**熱脹冷縮**的作用使**碗裡的氣壓下降**，碗蓋受到**外界的壓力**而形成這種狀態！

將附蓋子的日式湯碗裡的湯放在一邊打算晚點再喝，等到終於要喝時，蓋子卻打不開……各位是否有過這樣的經驗呢？

氣體有個性質是，**溫暖時體積會膨脹，寒冷時則是體積縮小**，這種現象叫做**熱脹冷縮**。蓋子拿不下來的原理，就跟這個熱脹冷縮有關。

一開始熱騰騰的湯隨著時間冷卻。湯碗中的氣體（空氣與水蒸氣）也一併冷下來，氣體冷卻後體積減少，讓氣壓下降。**湯碗內側的氣壓降到1氣壓以下，外側的空氣氣壓卻仍舊維持在1氣壓**，所以湯碗的蓋子被外在空氣施加了壓力（氣壓➡P.50）。因此蓋子緊緊黏在碗上，變得很難開〔圖1〕。

另外，不曉得大家有沒有湯碗在桌上滑來滑去的經驗？這反而是**空氣膨脹**所引起的現象。大部分湯碗的底部都會加上一個圓形的裙緣（凹槽），若這個裙緣與接觸面間有水的話，水就會完全貼合碗與接觸面間的縫隙。這時裙緣內側的空氣因熱湯而膨脹，膨脹後的空氣把碗往上頂，使湯碗與桌子的**摩擦力**減少。因此只需要一個小契機，湯碗就會在桌上滑動〔圖2〕。

熱度使碗內體積改變

冷卻後，打破了內外的氣壓平衡〔圖1〕

湯熱時，湯碗內外都維持在1氣壓的平衡下，但湯冷掉後，碗內的氣壓下降，受到外在氣壓的壓迫而變得難以打開。

湯剛做好時，碗內外的氣壓取得平衡。

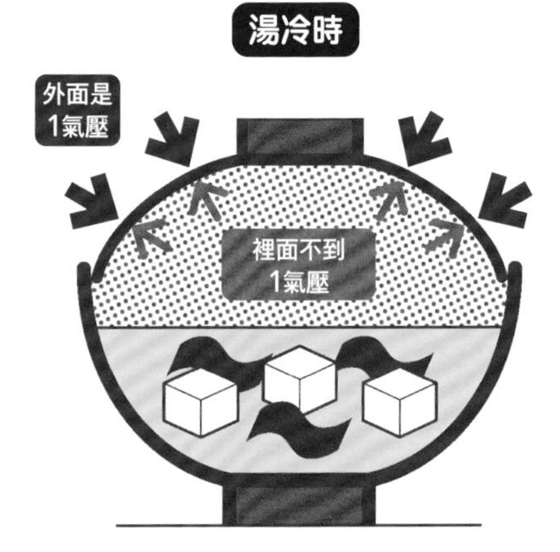

碗內部氣壓變小，所以蓋子變得難開。

因熱膨脹後的空氣使碗滑動〔圖2〕

湯碗底部沾到水時，裙緣內側的空氣因溫暖而膨脹，將碗頂了起來。這麼一來碗跟桌子的摩擦力就變小了，所以只需一點點的力道就會讓碗滑動。

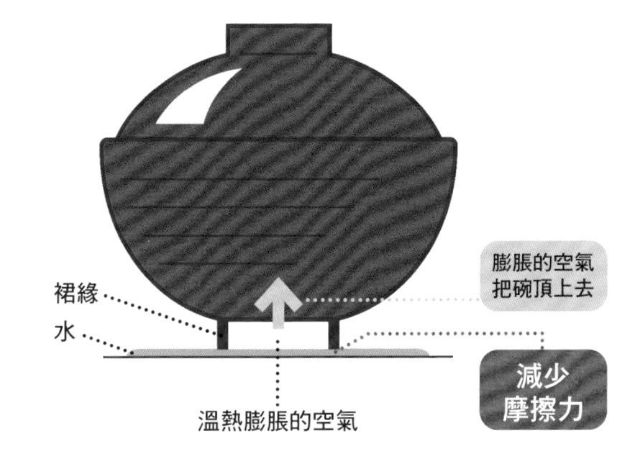

21 為什麼被高跟鞋踩到會比被一般鞋子踩還痛？

這是**力量集中或分散**的問題。
施加在物體上的力道**會依面積而改變**！

不曉得各位是否曾在擠成沙丁魚的電車中，被高跟鞋踩到腳過呢？根據有這種經驗的人的描述，在那瞬間似乎會痛得不行，其中也有人因此骨折。為什麼高跟鞋會有這麼強大的衝擊力？這跟**力的集中與分散**有關。

有一種高跟鞋叫做細跟高跟鞋，它的鞋跟面積差不多是2平方公分左右。假設一名體重50公斤的女性穿上這種鞋子，再將體重重心移到單腳上。如果將重量的一半分配到鞋跟上，那麼這雙鞋踩下去時，每1平方公分將會有12.5公斤重。這個重量相當於一台50公分寬的微波爐。請想像看看，一台微波爐的一角掉下來壓到腳指的感覺〔圖1〕。

另一方面，假使一隻6噸重的非洲象的腳，大小約在1,000平方公分上下。被非洲象踩到時所受到的力是每1平方公分1.5公斤重。形象相當於腳上承載一瓶1.5公升寶特瓶口的重量〔圖2〕。

據說被高跟鞋踩到的破壞力遠遠超越這些例子。其原因在於，高跟鞋受力部分的面積小於非洲象踩到的面積。**施加在物體上的力量會依接觸面積而分散**。像高跟鞋的鞋跟這樣接觸面積小的話，力道就不會分散，所以才會那麼痛。

力道因接觸面積而集中、分散

細跟高跟鞋的鞋跟力量〔圖1〕

將體重50公斤的一半重量加在2平方公分的鞋跟上時，
每1平方公分將賦予12.5公斤重的力道。

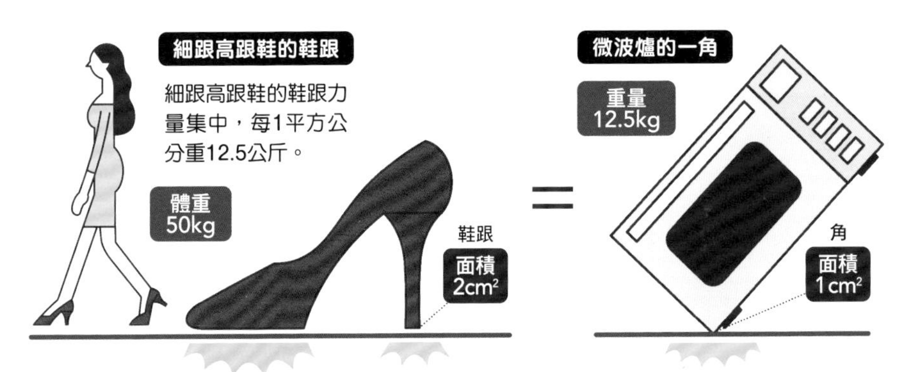

非洲象腳的力量〔圖2〕

當6噸（6,000公斤）體重的¼施加在面積1,000平方公分的象腳上時，每1平方公分將賦予1.5公斤重的力道。

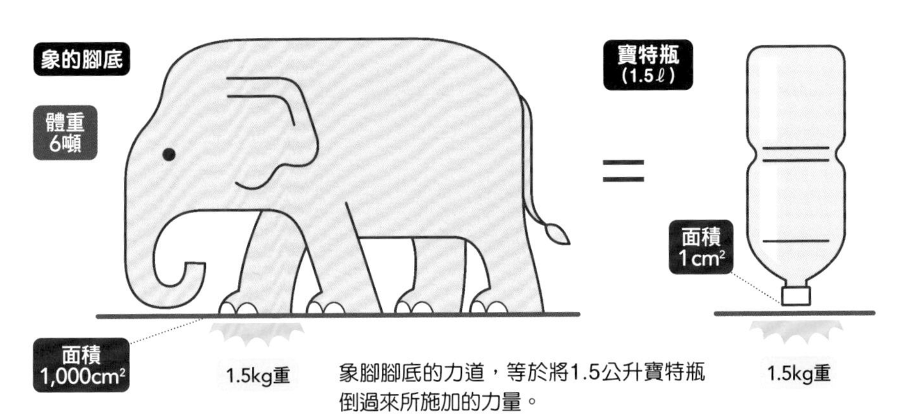

22 為什麼要把電線桿做成空心的？

因為即使裡頭空心，
表現物品強度的**截面模數**也**不太會改變**！

路邊矗立的電線桿是內部空心的圓管狀。為什麼要做成空心的呢？其實，在對彎折的耐受度上，內部填滿混凝土的電線桿與管狀的電線桿幾乎沒什麼差別。**抗彎能力與強度（彎曲力矩）**的數值稱為**「截面模數」**。而中間實心的圓柱叫做實心棒材，中間空心的圓管名為**空心棒材**。實心棒材與空心棒材的截面模數可分別以下列公式求得：

●**實心棒材（圓柱）的截面模數**

$$Z_1 = \frac{\pi}{32}\text{直徑}^3$$

●**空心棒材（圓管）的截面模數**

$$Z_2 = \frac{\pi}{32} \times \frac{\text{外徑}^4 - \text{內徑}^4}{\text{外徑}}$$

直徑等同圓管內徑的圓柱，與內徑有一成厚度的圓管，比較兩者截面模數後，得出Z1：Z2＝1：0.89，圓管具備圓筒約九成的抗彎力，可以說在這種狀況下，**不管內部是填滿還是空心，強度幾乎都不會有所改變**〔圖1〕。

強度不變的原因是，像電線桿這種圓柱狀的物體彎曲時，彎曲處的外側被撐開，內側受到擠壓，不過圓柱中心卻會出現一塊不受撐開或擠壓影響的區域〔圖2〕。換句話說，**在抗彎能力上，中間部位並不會受到任何影響**。

即使中空，截面模數也幾近相等

抗彎的強度幾乎沒什麼變動〔圖1〕

不管是實心棒材（內部填滿的材料）也好，空心棒材（管狀的材料）也好，對抗彎曲的強度都沒有太大的改變。

實心棒材的截面模數

$$Z_1=\frac{\pi}{32}d^3$$

空心棒材的截面模數

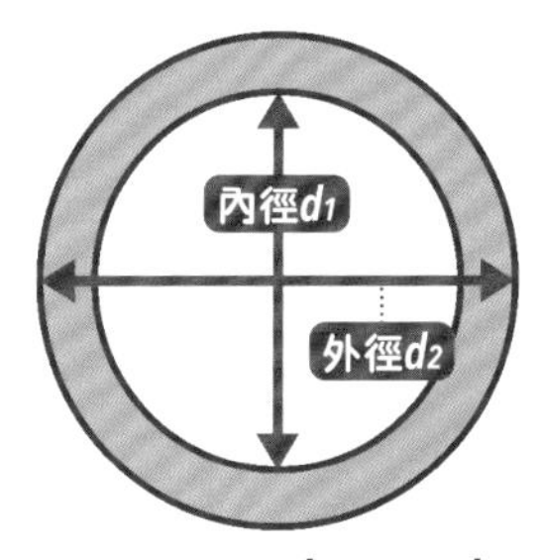

$$Z_2=\frac{\pi}{32}\times\frac{d_2^4-d_1^4}{d_2}$$

實心棒材的直徑與空心棒材的內徑相等。

$d_1=d$

空心棒材擁有內徑10%的厚度。

$d_2=1.2d$

將上述數值套入公式後
比較兩者的截面模數

$$Z_1:Z_2=1:0.89$$

中央部分很難受到彎折影響〔圖2〕

彎折實心棒材的圓柱時，會出現不受拉撐及壓迫力道影響的中間部位。因此，就算中間部位是空的，也幾乎不會改變它的抗彎能力。

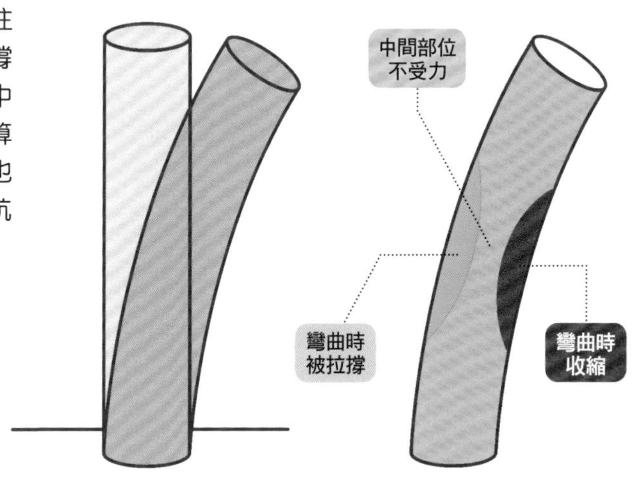

23 天氣變差就會出現……打雷到底是什麼原理？

雷是「**靜電的大規模放電**」。
由**冰與霰**相互摩擦生成！

「雷電是什麼？」這是自古以來的人類之謎，不過現在「雷電是**靜電放電現象**」是一個普遍的認知。

衣物摩擦後附在身上的靜電，在接觸門把的瞬間會霹靂啪啦地放電。這是我們生活中經常發生的靜電現象。假如打雷也是靜電現象的話，那到底是什麼東西在摩擦生電呢？

答案是**冰粒與水滴**。經常打雷的積雨雲（雷雨雲）的本源是微小的冰和水的粒子，這些粒子是因劇烈的上升氣流，將地面上的水球帶到地球上空冷卻後形成的產物。水蒸汽附著在冰粒上，長成大顆的霰，體積變大後慢慢開始落下。此時，它會與上飄的細微冰粒與水滴相互摩擦。於是**細小粒子便帶正電，霰則帶有負電**。較重的霰囤積在雲的下半部，雲底積了不少的負電。這麼一來，地面上的正電會被它吸引，使地面帶正電。

一直延續這樣的狀態，累積一大堆的正電和負電後，終於讓雲超出負荷，**雲底的負電一口氣釋放到地面上**——這就是打雷。當強大的電力被迫劃開空氣釋放出來時，僅僅是那一塊區域的空氣就來到瞬間1萬度以上的高溫，並且爆炸性地膨脹開來。屆時雷鳴便會轟隆作響。

冰與霰互相摩擦產生靜電

打雷的原理

雷電是一種放電現象，由於堆積在雲下半部的冰粒與水滴帶有負電，這些負電以帶正電的地面為目標，一口氣將電力釋放了出來。

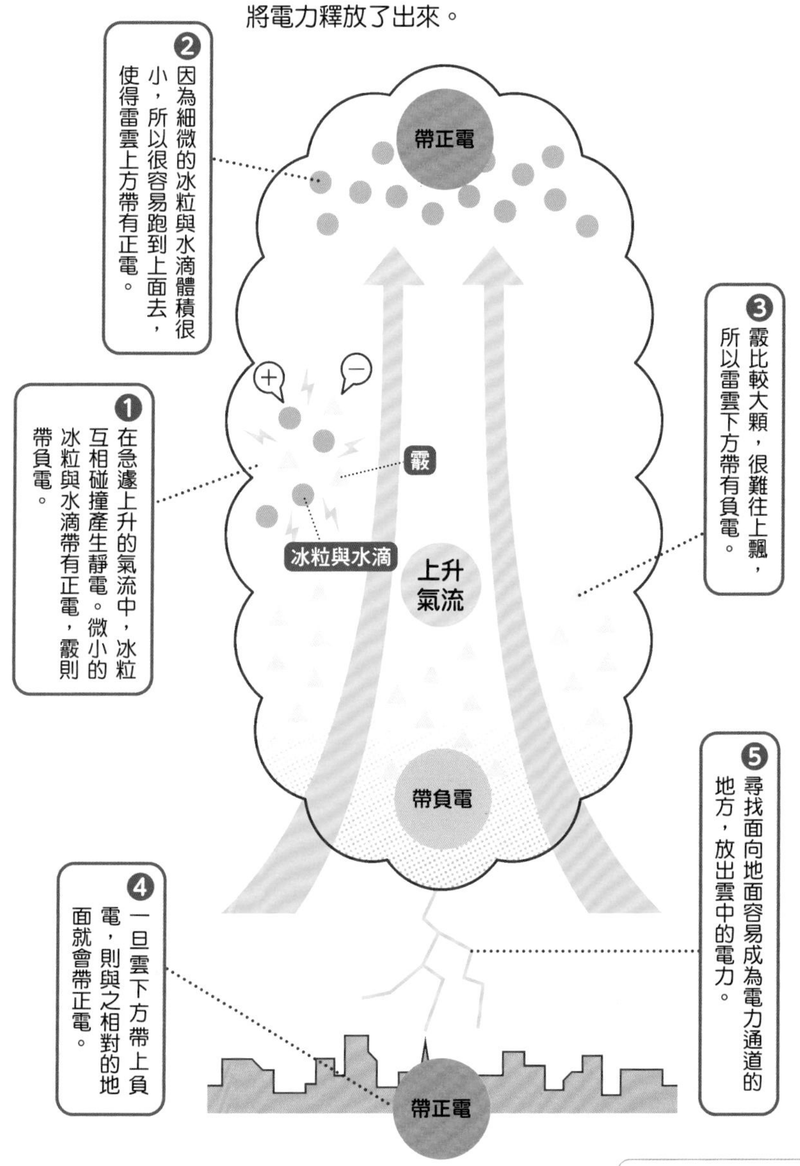

24 雲為什麼會浮在空中？

雲是**空氣阻力較小的「極小的水和冰粒」**的集合體。它的**重力<浮力**，所以會浮在天上！

雲是由直徑0.01公釐左右的水或冰粒所組成。這些水滴非常輕，因此能輕輕飄浮在空氣中。

這跟**空氣阻力**與**浮力**息息相關。

世上所有的物體都會因地球帶有的重力而墜落。不過在掉落時又會受到空氣阻力的影響。**小而輕的物品，其空氣阻力大於重力**，故產生浮力，使它不太容易落地。花粉跟灰塵之所以能夠在空氣中懸浮，也是因為它們**受空氣阻力產生的浮力所影響**。

雲是怎麼形成的呢？空氣在地面上變暖而變輕，變輕的空氣則會上升。溫暖的空氣在升空後冷卻，如此一來，空氣中未能完全溶解的水蒸氣就會以水滴的型態呈現，並形成所謂的冰晶（水或冰粒）。

這就是雲的真面目。

只不過，水或冰粒會互相凝結成更大的水滴，一旦變大、變重，水滴的重力就會反過來勝過空氣阻力並開始落下。

這便是雨的真面目。

水滴因上升氣流的浮力而懸浮

▶雲的形成

地面上暖化的空氣上升，空氣中的水蒸氣冷卻後轉換成水或冰。細微的水或冰粒被上升氣流托起，變得難以落下。

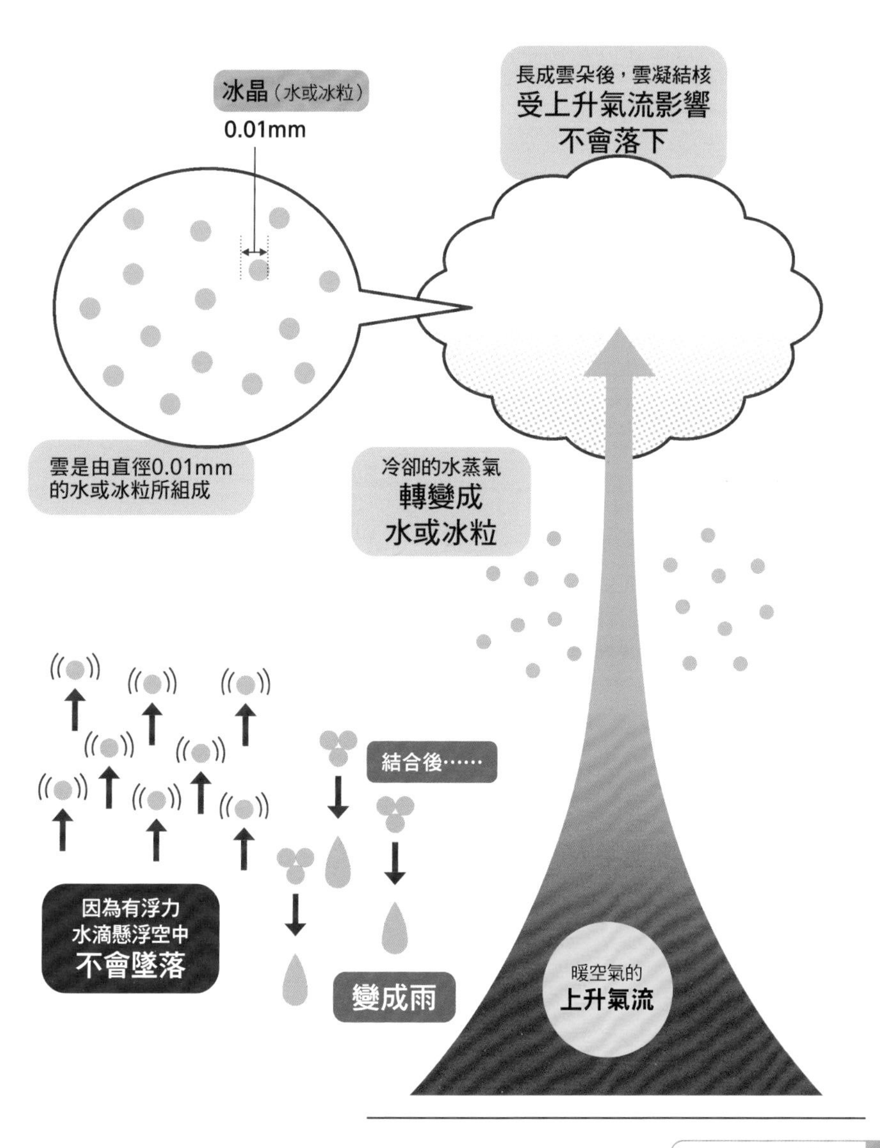

還想知道更多！
精選物理學
③

Q 若鐵球與高爾夫球同時往下掉，哪邊比較快落地？

鐵球 or 高爾夫球 or 同時

鐵球跟高爾夫球之間，比較重的應該是鐵球吧。雖說脫脂棉或氣球這類中空的物品會輕飄飄地緩緩落下，但鐵球和高爾夫球之間的差異又如何？哪邊比較快？還是兩者會同時落地？

「重的物體落地較快」，古希臘哲學家亞里斯多德這麼說，當時的人們也都這樣相信著。對此提出異議的是16世紀的「近代科學之父」伽利略。

伽利略認為亞里斯多德錯了，他想，把兩顆木球綁在一起丟下去，跟一顆木球落下的時候相比會發生什麼事？綁在一起的木球，重量是原來的兩倍，但伽利略卻不覺得球會因這樣就比較快落地。

於是伽利略嘗試在眾人面前放任木球和鐵球掉落，向世人證明亞里斯多德的想法有誤。

也就是說，正確答案是「同時」……雖然我想這麼說，但請各位稍等一下。現在我們知道，若實際精確測量這個實驗，鐵球會比木球還快落地。脫脂棉和氣球會慢慢落下，是因為它們受到**空氣阻力**的影響。而且儘管木球跟鐵球不像氣球那麼明顯，卻也會承受空氣的阻力。屆時，空氣將妨礙較輕的木球掉落〔右圖〕。

因此若鐵球跟高爾夫球同時落下時，哪邊比較快？正確答案是「鐵球」。

伽利略提出**「自由落體定律」**，找出質量與墜落速度無關的規則。不過這是一條在「沒有空氣阻力」的條件下才能實現的定律。

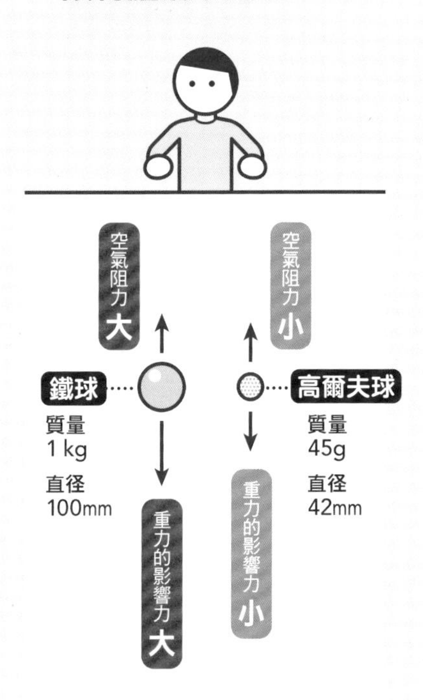

空氣阻力會依物體的形狀大小改變，所以體積較大的鐵球會接收更大的阻力。因重力而往下掉的力量則是會隨重量變化。這也是由於鐵球比較大的緣故。

不擅與人交流的大物理學家兼數學家

艾薩克·牛頓

（1643－1727）

天才科學家牛頓的出生很坎坷。在他出生三個月前，父親就已亡故，母親則是在生完他以後就和別的男人結婚離家。從0歲開始就由祖母養育長大的牛頓，不知不覺長成了一名膽小內向的孩子。然而，有一天，牛頓因為自製的水車模型被破壞而怒不可遏，出生以來第一次跟霸凌他的人打架得勝。藉此萌生自信的牛頓成績急遽攀升，最後進入英國名校劍橋大學就讀。

牛頓在圖書館依新舊順序閱讀數學書，並完全理解所有書上的內容。不過依然內向且討厭與人交流的牛頓仍繼續一個人進行研究。

當他23歲時，因倫敦黑死病大流行，牛頓回到老家。此時的牛頓沉浸於思考中，在一年半裡發現運動定律（力學）、光與波動的性質、萬有引力等多項物理定律。只是牛頓回到大學後也未曾公開這些研究，而是自己一個人將其歸整成數學公式。

這是牛頓42歲時發生的事。天文學家哈雷知道牛頓可以算出行星軌道後驚愕不已。之後他強烈勸說牛頓發表他的研究成果，最後終於促使他出版《自然哲學的數學原理》，確立牛頓力學的成就。

第2章

還能再延伸的種種物理知識

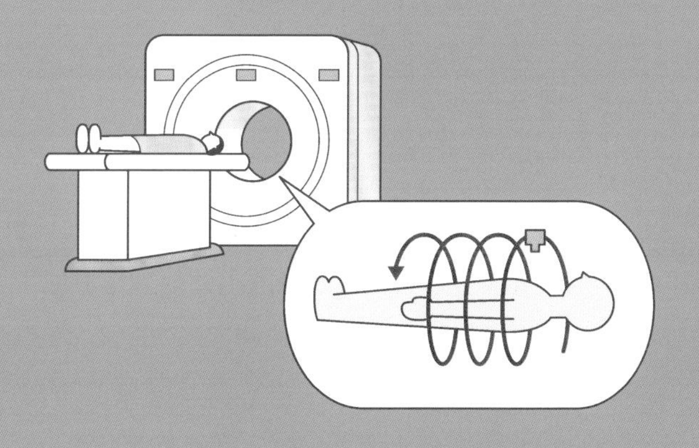

光、聲音、磁力……

從自身周遭的小事到無止盡的壯闊事物，

這些「物理」話題還可以再繼續延伸下去。

天空蔚藍的原因、宇宙的構造、還有體溫計的原理，

一起來碰觸物理那廣泛的世界吧！

25 雙筒望遠鏡為何看得見遠方事物？

原來如此！

是透過**物鏡**與**目鏡**這兩片鏡片放大來看的！

賞鳥和觀賞演出所不可或缺的雙筒望遠鏡。其構造原理究竟為何呢？

雙筒望遠鏡**是將兩個低倍率的小型望遠鏡並排做成的產品。**

望遠鏡有**折射式**跟**反射式**兩種類型，雙筒望遠鏡用的是折射式望遠鏡。折射式望遠鏡將兩片鏡片組合在一起，根據其製作方式又分成**伽利略望遠鏡**與**克卜勒望遠鏡**兩種〔圖1〕。一般常用在雙筒望遠鏡上的是克卜勒型，其原理是以目鏡放大物鏡上的成像來觀看，且物鏡上的成像將會上下左右相反。因為是類似放大鏡那樣放大來看，所以遠方的事物也可以變得又大又清晰。只不過，肉眼看見的成像依然是顛倒的（**倒立像**）。於是雙筒望遠鏡便**在目鏡與物鏡之間夾了一片稜鏡**（玻璃製的透明光學元件），**把成像倒回來變成正立像**〔圖2〕。

雙筒望遠鏡上會印著「8×30」這樣的數字。在這種情況下，8指的是倍率，30則是物鏡的鏡片口徑（直徑），單位是公釐（mm）。鏡片口徑愈小，攜帶就愈方便；而口徑愈大，代表看得愈清晰。倍率高的話畫面很容易晃動，因此8倍就很夠了。

用目鏡放大物鏡的畫面

▶雙筒望遠鏡所採用的折射式望遠鏡原理〔圖1〕

折射式望遠鏡是以將物鏡的成像用目鏡放大來看的方法製成。

伽利略望遠鏡

以凸透鏡跟凹透鏡組成的望遠鏡。

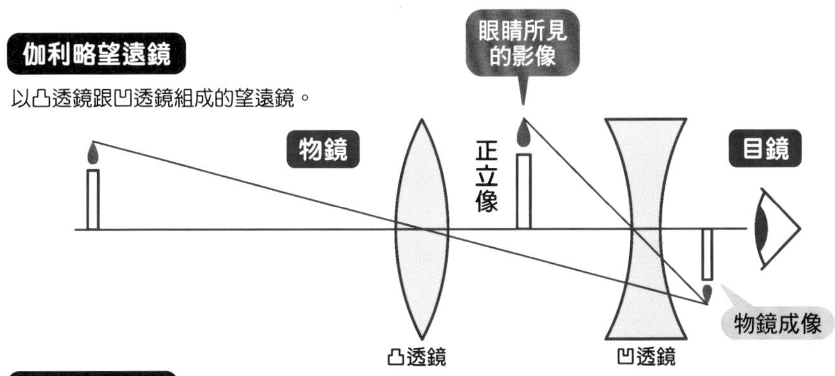

克卜勒望遠鏡

用兩枚凸透鏡組成的望遠鏡。

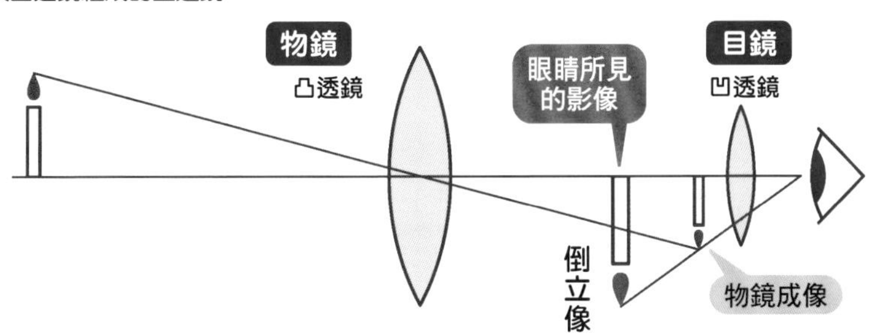

▶雙筒望遠鏡的構造〔圖2〕

因為透過克卜勒望遠鏡看到的是倒立成像，所以要用稜鏡改變光路，將成像顛倒回來形成正立像。這種望遠鏡叫做普羅式望遠鏡。

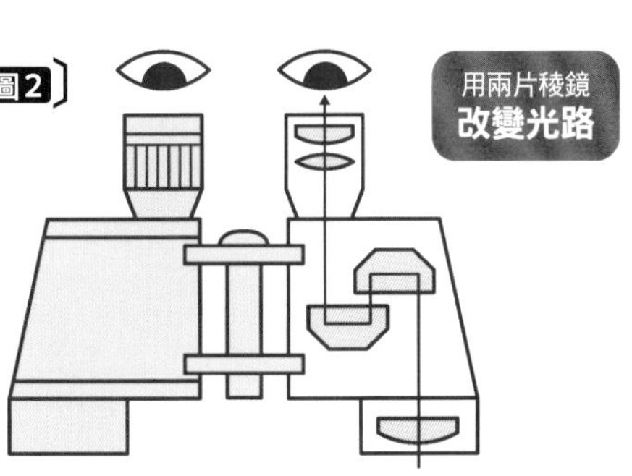

26 望遠鏡可以看到多遠的地方？

原來如此！

要看遠就選**反射式望遠鏡**。
它甚至可以看到**130億光年外的星系**！

使用望遠鏡，便能看到遙遠的星體。星體觀測用的望遠鏡多半都是**反射式望遠鏡**，這種望遠鏡的**構造是藉圓形反射鏡匯集來自星體的光線**〔圖1〕。

日本國立天文台那座位於夏威夷的**「昴星團望遠鏡」**，據說是全球效能最好的望遠鏡。其效能之高，差不多是可以從東京看清大約一百公里外富士山頂的兩個網球場並區分它們的程度。說是這麼說，但再怎麼高效能的望遠鏡，也沒辦法在天空明亮又有空氣污染的大城市附近發揮它真正的實力。畢竟空氣會遮擋星體傳來的光，或使那些光扭曲變形，所以待在自己上方空氣稀薄的高山上較利於觀測。因此，昴星團望遠鏡才設置在夏威夷毛納基山的山頂上（海拔4,205公尺），它最遠可以**發現離我們130億光年以外的星系**。

另外，以適合放置望遠鏡的場所來說，沒有空氣的宇宙比地球上的高山條件更好。**「哈伯太空望遠鏡」**位在宇宙空間中，它也有發現130億光年外的星系。望遠鏡的鏡頭不只能顯示可視光，還可以映出紅外線、紫外線、電波、伽瑪射線等等。現代的天文學家就是透過分享這些資訊來發掘黑洞等各式各樣的星體。

用反射式望遠鏡聚集星體光線

觀星望遠鏡的結構〔圖1〕

昴星團望遠鏡和哈伯太空望遠鏡是屬於反射式望遠鏡型的觀星望遠鏡。除此之外還有牛頓望遠鏡和卡士格冉望遠鏡。

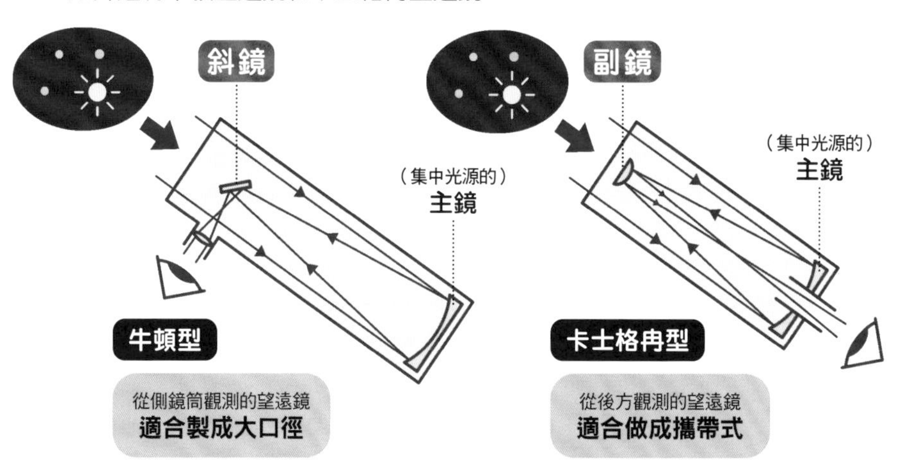

昴星團望遠鏡與哈伯太空望遠鏡〔圖2〕

效能最好的望遠鏡會設置在地球上的高山或太空中。

昴星團望遠鏡

主鏡直徑
8.2m

運用可見光與紅外線進行觀測的望遠鏡。

哈伯太空望遠鏡

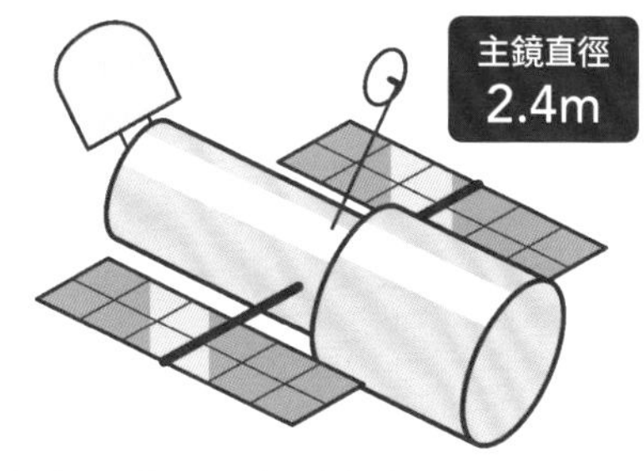

對地球上難以看清的高精度可見光進行觀測，是卡士格冉型的望遠鏡。

Q 是不是只要科技進步，就甚至能見到200億光年外的宇宙？

看得見 or 看不見

宇宙廣闊無盡。效能最好的望遠鏡可捕捉到130億光年以外的宇宙樣貌（➡P.78）。那麼我們能夠觀測這寬廣的宇宙到多遠呢？是不是只要科技進步，就能見到200億光年以外的地方……？

日本的昴星團望遠鏡、還有美國的哈伯太空望遠鏡都可以找出130億光年以外的星系。意思是，**以光速計算，這段距離需耗費130億年**。

觀測技術的進化，或許可以讓我們看到更遠的天體也說不定。不過，觀測的極限在哪裡？這個時候，我們有必要來思考一下130億光年的意義。

「1光年」是光用1年的時間前進的距離，所以它指的是：我們在130億光年的地方看到的星系，是130億年前發出的光傳到現在的地球上。換言之，昴星團和哈伯望遠鏡看到的是130億年前的宇宙模樣。

在此先來談談宇宙的年齡。宇宙是在大概138億年前，經過名為**大霹靂**的大爆炸誕生的（➡P.200）。也就是說，在138億年以前宇宙並未存在。因此不管做出效能多好的望遠鏡，都不能觀測到138億光年以外的宇宙。

從地球到主要星體的距離 ※光抵達那邊所花費的時間

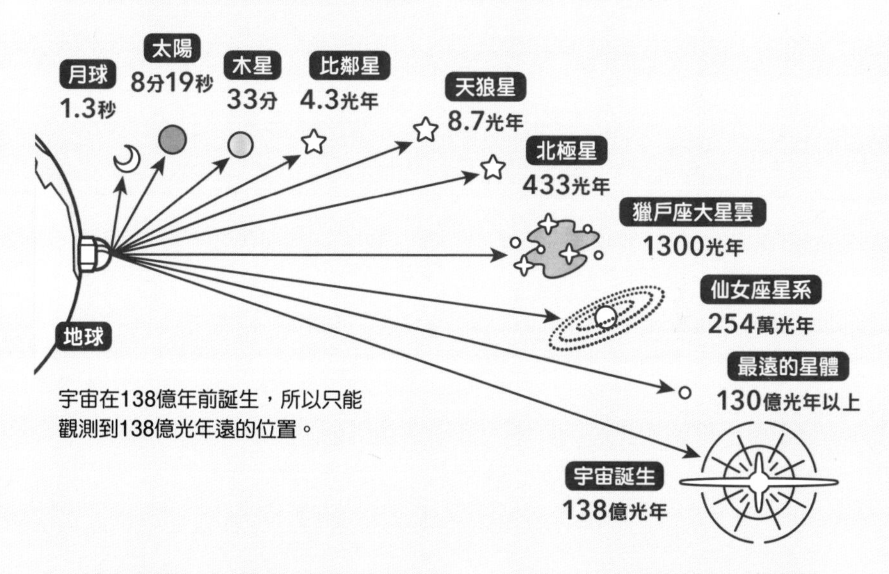

換句話說，正確解答是「看不見」。不過，如果觀測技術繼續發展，觀測距離就會愈發接近138億光年，這樣一來，我們便能更靠近解開宇宙誕生奧祕的那一天了。

27 為什麼地球會轉？

因為**地球誕生時**所產生的**旋轉力**
透過**慣性定律**殘留下來的關係！

地球的旋轉分為繞太陽巡迴一年的「**公轉**」，以及用24小時迴旋的「**自轉**」兩種。地球誕生到現在約46億年。公轉跟自轉是從什麼時候開始的呢？

地球的自轉與公轉，其實跟包含地球在內的太陽系誕生有關。大約46億年前，飄浮在太空中的氣體與微塵聚在一起，不久便因重力吸引而結合，濃縮後變得愈來愈小。一旦緊縮便產生熱能，其中心變成高溫高壓的狀態，最後成為一顆名為太陽的恆星。

此時，太陽周遭由熾熱氣體和微塵組成的圓盤星雲像漩渦一樣，一邊旋轉一邊包圍住太陽。經過一段時間，圓盤星雲冷卻後變成許多堅硬岩石狀的物體，這些物體互相碰撞合體，慢慢形成較大的塊狀物。地球就這樣誕生了。亦即**地球是由繞著太陽周圍旋轉的氣體和微塵孕育出來的。當時的旋轉力到現在也仍舊殘存**，所以地球會公轉，也會以跟公轉相同的方向自轉。

加上宇宙真空，所以在**慣性定律**（➡P.10）的作用下，物體在不受外力影響時會不斷運動。因此，在誕生後歷經約46億年的現在，地球也依然繼續公轉自轉。

地球藉由46億年前的慣性旋轉

太陽系的誕生與公轉的方向

地球等行星的公轉、自轉方向，是太陽誕生時匯聚而成的氣體旋渦所殘存的旋轉力。

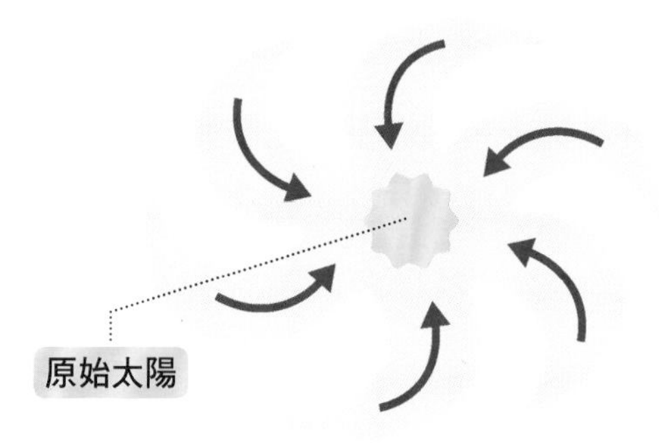

太陽系形成時，氣體如同將周遭事物通通捲入的旋渦般聚集成團，太陽在中心開始誕生。

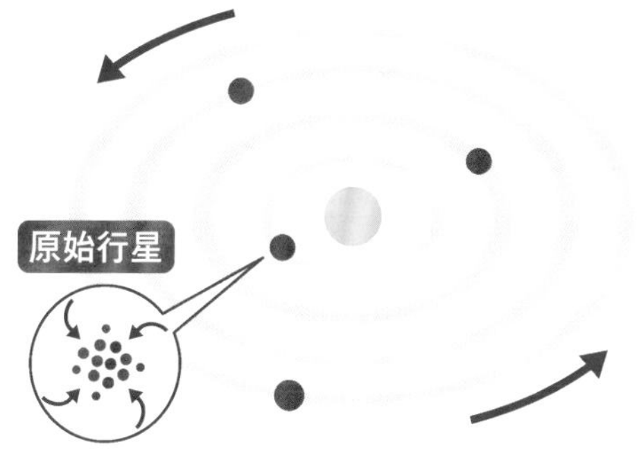

在迴轉旋渦中形成的堅硬岩石狀的物體互相碰撞結合，逐漸長成較大的塊狀物。

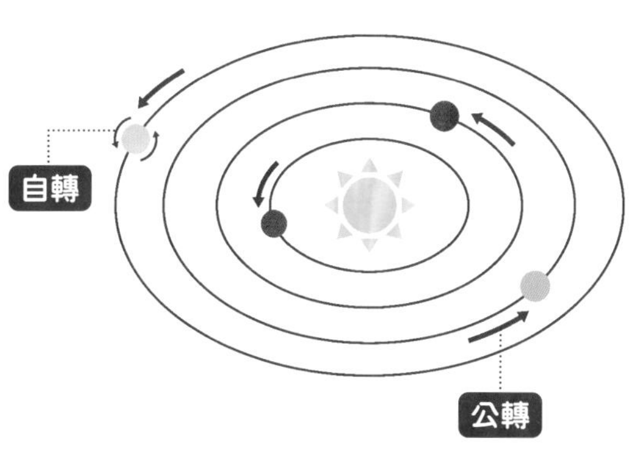

氣體和微塵匯集起來形成地球等各個行星。當時氣體旋渦的旋轉力以行星自轉與公轉的形式留存下來。

28 地球是如何浮在太空中的？

原來如此！

因為藉著**萬有引力**與**離心力**，
地球**一邊受到太陽的吸引**一邊旋轉！

地球的質量約有6,000,000,000兆噸。這麼重的東西到底是怎樣浮在宇宙中的呢？

要了解這個謎團，必須先明白有關**「引力」**的知識。往空中丟的球無法一直都浮在空中，它一定會掉到地上，對吧？這是因為球被一股力量往地球中心拉過去的關係。具備質量的物體會受到**「萬有引力」**的影響互相吸引〔圖1〕。而**地球跟球之間雖然互相拽引**，但地球的力道遠超球的力道，所以球會往地面（即地球中心）飛去。

有質量的物體會受到萬有引力影響──也就是說，**地球跟太陽也會因萬有引力而互相吸引**。

這時候，因為太陽的影響力壓倒性地大，所以地球被太陽吸引。至於地球為什麼不會就這樣接近太陽，是由於地球也受到繞太陽旋轉時的**離心力**（➡P.12）影響。意思是，就像在一條看不見的、名為萬有引力的線的前端，綁上一顆名為地球的秤砣一樣，形成地球繞著太陽周圍迴轉的狀態〔圖2〕。

地球並非靜止不動地停留在太空中，而是**透過萬有引力和離心力的力量持續運動著**。

一切事物都會因引力而相互吸引

什麼是萬有引力〔圖1〕

具有質量的所有物體，彼此之間會互相吸引。

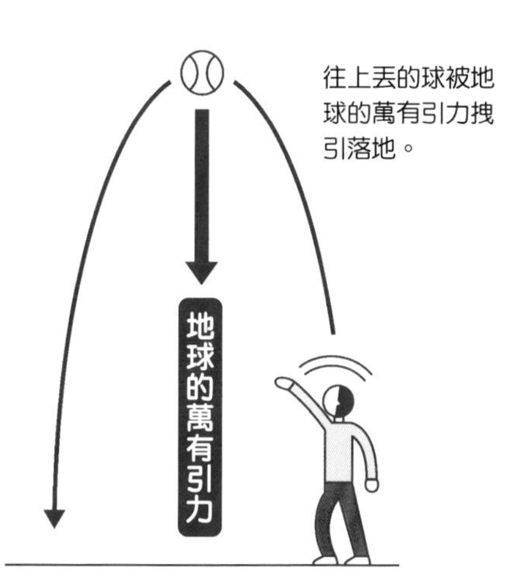

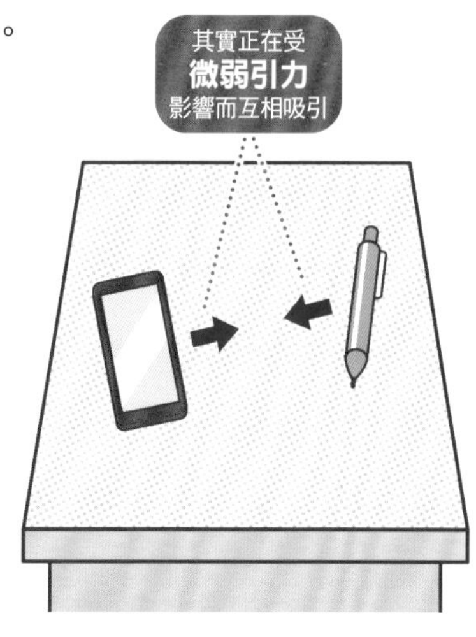

太陽與地球互相吸引〔圖2〕

地球不是飄浮在太空中。它是一邊受到太陽的萬有引力拉扯，一邊圍繞太陽旋轉。因為離心力的作用，地球不會整個被太陽拉過去。

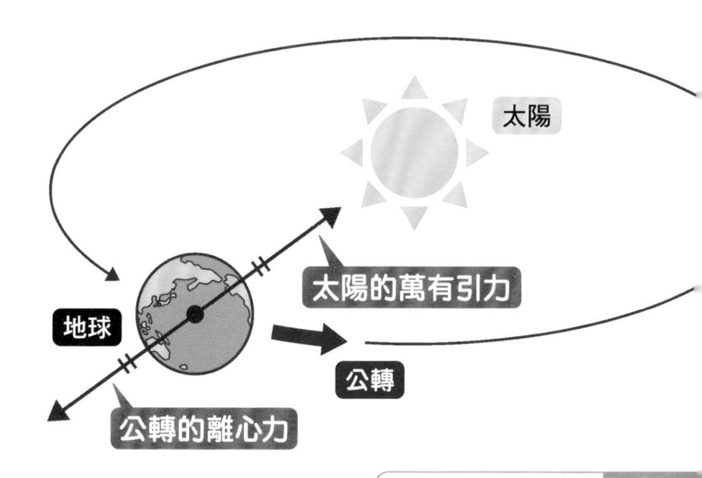

29 所謂的黑洞是什麼樣的洞穴？

原來如此！

就像將地球壓縮成直徑2公分的球一樣，是一個密度高，重力異常強大的黑色洞穴！

吞噬一切的**「黑洞」**。我想應該每個人都聽過這個字，不過它到底是什麼東西呢？

黑洞是密度非常高又非常沉重的星體。一顆比太陽重30倍以上的星星，在其一生的最後一刻引發名為**「超新星爆發」**的大爆炸，在外層飛散之後，剩下的中心部分被破壞並形成黑洞。其密度之大，差不多等於把地球**壓縮成直徑2公分的球**一樣。它的內部重力相當強，強到會將附近一切事物都吸進去。因為連光都無法逃脫出來，就像是宇宙中的黑色空洞，於是被命名為黑洞〔圖1〕。

那麼，為什麼沒有光——也就是人眼看不到的黑洞可以被人們發現呢？我想應該會有內心冒出這個疑問的人吧。黑洞有時會遇到附近的恆星，這時恆星周邊的氣體就會被黑洞吸引，在黑洞周遭形成迴旋狀的氣體圓盤，稱為**「吸積盤」**。吸積盤裡頭的氣體會被黑洞吸進去，此時黑洞邊界的溫度將變得非常高，並發射X射線。**以這個X射線作為端緒，便能推測出黑洞的存在**〔圖2〕。

黑洞吞噬一切事物

連光也一併吞沒的黑洞〔圖1〕

由於黑洞的重力大得不得了，所以物體一旦被它吸進去，就算是光也無法再回到外面來。沒有光，畫面就不會映入我們眼簾，因此我們也沒辦法用望遠鏡觀測到黑洞。

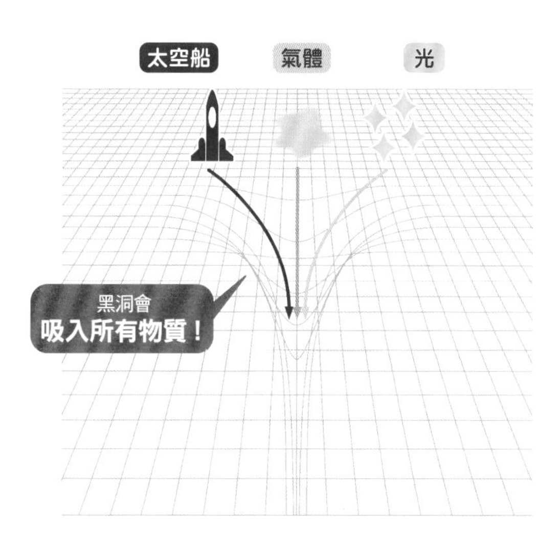

可確認黑洞存在的辦法〔圖2〕

黑洞在從附近恆星身上吸入氣體時會發射X射線。我們可以將它當作證據來確認黑洞的存在。此外，2019年時曾成功拍攝到5500萬光年外星系中心的黑洞。

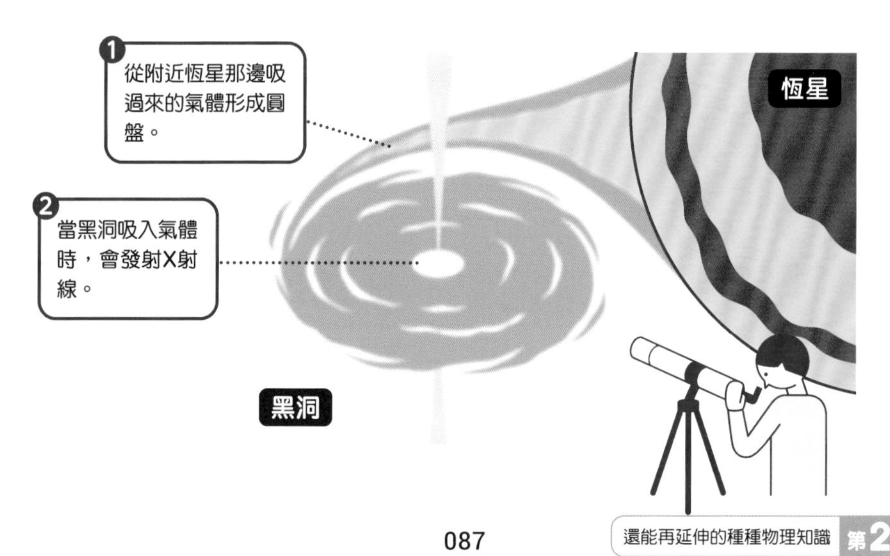

30 星星之間的距離是怎樣測出來的？

原來如此！

近的星星就用**三角測量法**搭配**恆星視差**計算，遠的星星則是**比較星等顏色**來推測！

地球和遠方星星間的距離是怎樣測出來的呢？要是有一條通往星星的量尺，這個問題馬上就解決了，但那是不可能的。

從地球到附近星星的距離可以用**「三角測量法」**結合**「恆星視差」**來計測。**所謂的三角測量法，是只要知道三角型的一邊跟兩個角的數據，就能明白其他邊長度的法則**。地球花費一年的時間繞行太陽一周，夏至跟冬至時見到的星星位置不同。於是便可以藉由恆星視差測量角度，以太陽到地球的距離為本算出行星間的距離〔圖1〕。用這個方法可以測量離地球100光年以內的星星距離。

更遠一點的星星距離要從**星星的顏色推測**。對星星來說，有一個名為**絕對星等**（距離32.6光年時的星星亮度）的基準，從星星的顏色可看出它的絕對星等（有時也看不出來）。只要將這個絕對星等與看到的亮度相互對照，就能知道距離星星有多遠〔圖2〕。不過，這個距離是一個概略數值。

太陽系位於銀河系之中，據說銀河系的直徑是10萬光年。到銀河系以外的星系的距離，是由該**星系中出現的超新星亮度來求得**。超新星也有絕對星等，所以將其比對觀測到的外在亮度，就能知道與那個星系之間大略的距離。

用三角測量法和星星顏色測量

附近星星的距離測量法〔圖1〕

地球與比較近的星星之間的距離，可用三角測量的原理來計算。恆星視差實際上角度非常小。

A
A=「180°－90°－角C」
只要知道角C的角度，就能畫出一個三角形，進而得知樹木的高度。
B
C
人跟樹之間的距離

星星
A 恆星視差
從太陽至星星的距離
B
C
太陽
太陽跟地球間的距離
地球

星星的絕對星等與外觀亮度〔圖2〕

即使是絕對星等（亮度）相同的星星，也有可能在近的地方看起來很亮，在遠的地方看起來很暗。將絕對星等與星星外觀亮度對比，便能知道我們跟星星之間的距離是多少。

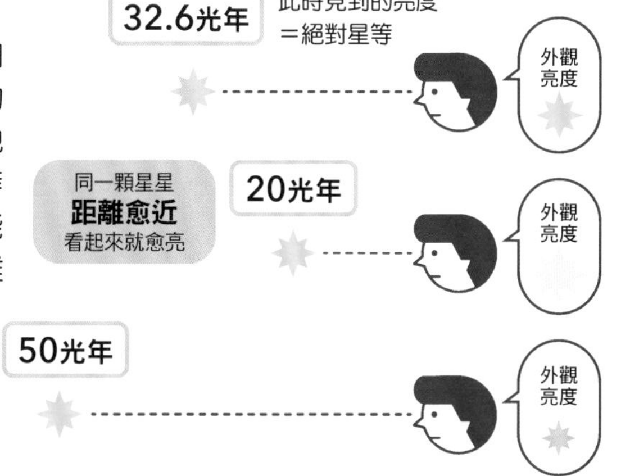

假想 科學特輯 5

太陽系外的太空旅行

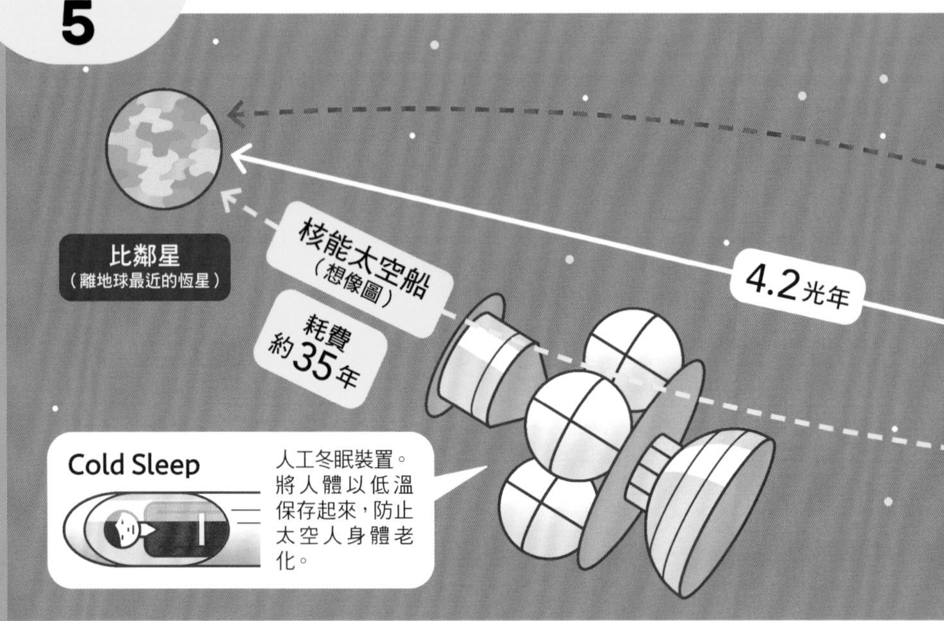

從太陽系前往遠方的恆星或行星稱為**「太空旅行（星際飛行）」**，雖然這在科幻世界是很常見的事情，但未來是否真的有可能實現呢？

距離太陽最近的恆星是比鄰星，距離地球約4.2光年遠，也是地球到月球之間距離的1億倍之多。人類製造出來最快的飛行物體是名為航海家一號的太空探測船，時速約為6萬公里。就算以這個速度飛過去，抵達比鄰星也要花7萬年以上的時間。

1973到1978年間，英國一個科學家跟技師組成的團體從理論上思考無人星際旅行的計畫可能性，這個計畫將距離地球5.9光年遠的巴納德星設定為目的地，名為**「戴達羅斯計畫」**。計畫中使用的是核能太空船，行進速度可加速至光速的12%，是航海家一號的1萬8000

有可能嗎？不可能嗎？

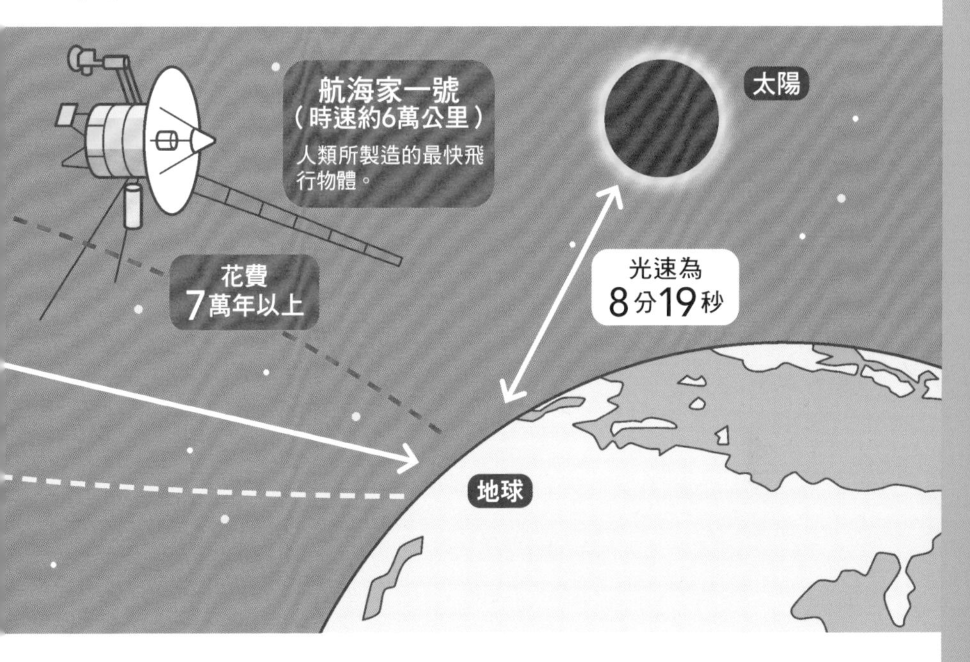

倍左右。然而，就算用這個速度前往最近的比鄰星，也要耗費大概35年左右才能抵達。假設這支火箭打算載人，但從壽命上來看，單程35年也太長了一點。科幻作品裡採用像是**「人工冬眠」**等方式，讓乘客在太空旅行時待在休眠艙中冬眠，好讓年齡不再增長。想必也有人是從《阿凡達》、《異形》等電影中看到這幅景象的吧。

對太空旅行來說，至少也必須要有一艘**可用光速10%以上飛行的太空船**，以及**人工冬眠技術的確立**才有辦法達成。只是看起來，無論哪一個條件都不是近期能夠實現的。

31 聲音可以傳得多遠？

振幅大的聲音會傳遞開來。隕石爆炸的聲音甚至能在800公里外的地方聽到！

聲音**藉由空氣振動形成聲波傳遞出去**，這個振動會引起耳膜的共振，藉此讓人的耳朵聽到聲音〔圖1〕。聲音愈大振幅愈強，也就能傳到更遠的地方。但是**聲波**在傳遞的途中會逐漸減弱，所以聽到聲音的距離是有極限的。

那麼，聲音可以傳遞的距離有多遠？

以一個實際案例來講，1908年，西伯利亞通古斯地區的上空發生隕石大爆炸，據說只要介紹到這件事，就會提到這一點：當時大爆炸的聲音連在**距離800公里外的地方也聽得到**。人們認為那個時候在高空爆炸的是直徑50～100公尺的隕石。遠古時代以前，成為恐龍滅絕原因的隕石似乎是它的100到200倍大。這種級別的隕石要是爆炸了，說不定好幾千公里以外的地方都聽得到爆炸聲。

另外，**聲音在水中傳導性更佳**。這是由於**水的密度比空氣高**，所以更容易將振動傳出去。

生活在水中的海豚、鯨魚等哺乳類動物，會利用聲音來跟同伴溝通。其中，聽說藍鯨等生物能夠使用人耳幾乎聽不到的低頻音，跟幾百、幾千公里以外的同伴取得聯繫〔圖2〕。

聲音經由空氣振動傳遞

▶聲音愈大就傳得愈遠〔圖1〕

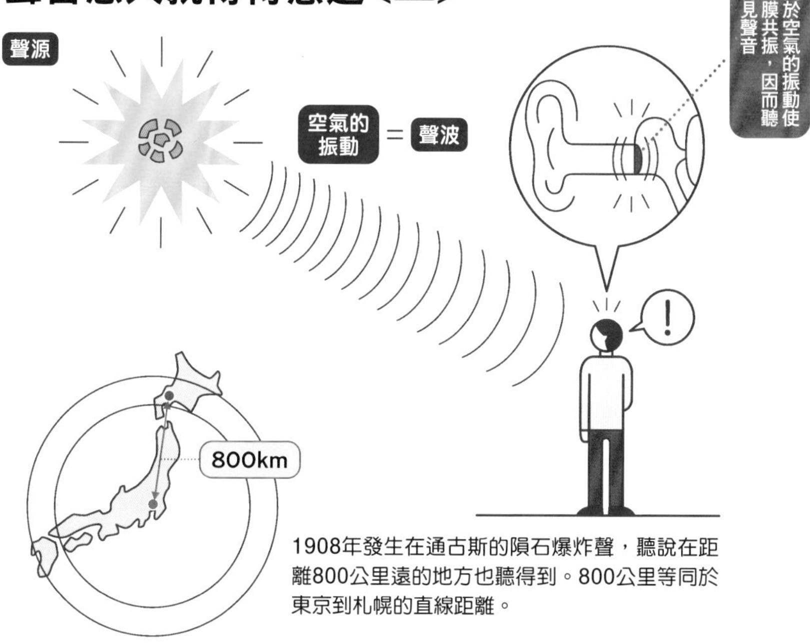

1908年發生在通古斯的隕石爆炸聲，聽說在距離800公里遠的地方也聽得到。800公里等同於東京到札幌的直線距離。

▶鯨魚可以跟遠方的同伴以低音對話〔圖2〕

像藍鯨一類的動物，會在水中用低頻音振動，藉此得以與離自己千百公里遠的同伴取得聯絡。

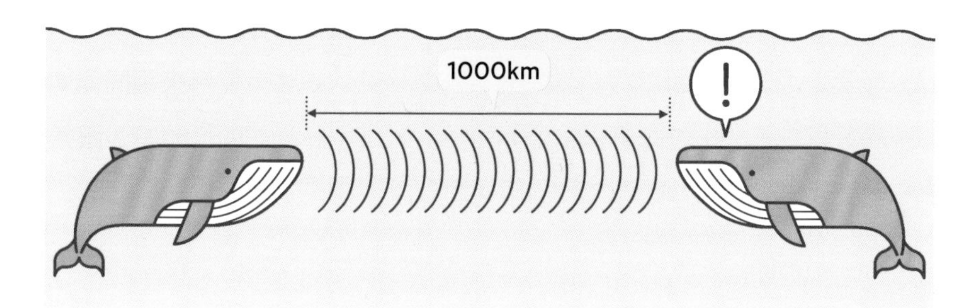

32 救護車的警鈴聲為什麼會逐漸改變？

原來如此！

因為據「**都卜勒效應**」所言，
傳到耳裡時，**聲音的波長會變化**！

奔馳中的救護車「喔咿喔咿」的聲音，在救護車經過我們之前跟之後聽起來似乎有點不一樣。這是為什麼呢？

聲音是透過空氣振動的聲波來傳達的。救護車停下來時，就算經過一段時間，警鈴聲的聲波也會以固定的頻率往我們的方向前進。屆時，儘管過一段時間再聽，聲音的高低也是固定的，所以聲音不會有任何變化。

救護車接近時，警鈴聲抵達我們位置的時間就變短了。假設1秒發聲1次，那麼救護車最初發出聲音時，跟1秒後發出聲音時的距離便會縮短。這樣一來，聲波受到壓迫而使波長變短，而**波長愈短聲音愈高**。因為救護車開到我們眼前時都在持續發出聲音，所以車子接近時的聲音聽起來會比停下來時的聲音還高。

當救護車駛遠時，跟前者相反，救護車和我們之間的距離會隨時間而增遠，傳遞到我們身上的聲音波長也會變長。**波長愈長，聲音就愈低**，因此遠離我們的救護車聲音聽起來會比接近我們時更低。這個現象就稱為**「都卜勒效應」**。

聽到的聲音會因其波長而改變

警鈴聲的變化

因為聲音經由空氣振動形成聲波來傳遞，而且波長愈短聲音愈高，波長愈長聲音愈低。

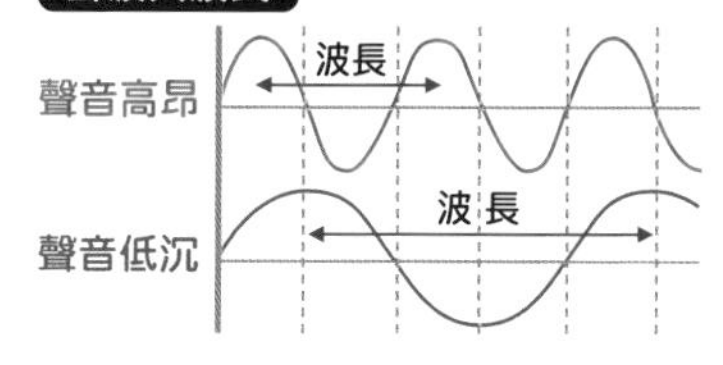

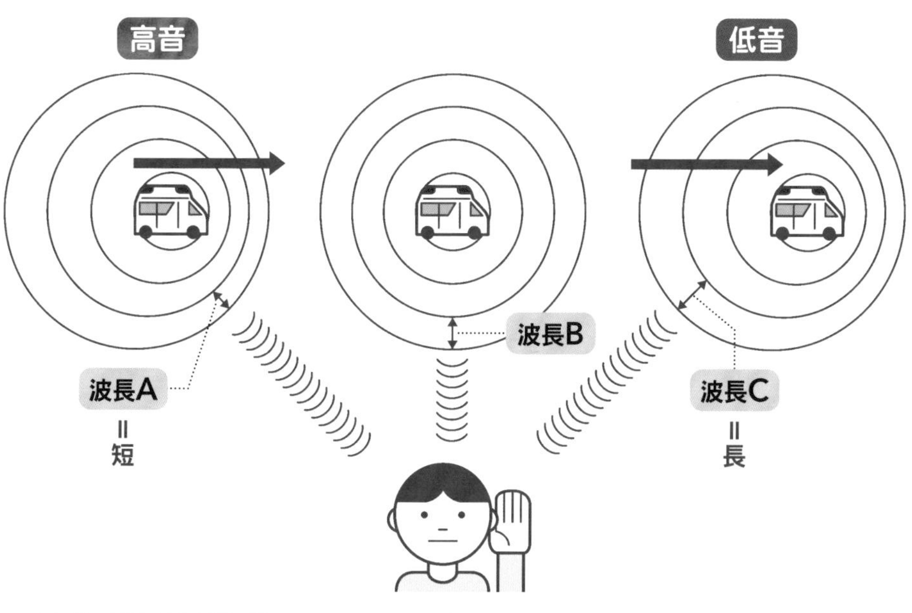

接近時

救護車靠近時，聲音波長比救護車停下來時短，所以聲音聽起來比較高。

停止時

救護車停止不動時，聽到的聲音波長固定。

遠離時

救護車駛離時，聲音波長比救護車停下來時長，所以聲音聽起來比較低。

波長A＜波長B

聲音變高

波長B＜波長C

聲音變低

33 晚上能清楚聽見遠方的聲音，這是錯覺嗎？

原來如此！

晚上**地面的空氣比高空冷**，
聲音會**被折射成接近水平的角度**傳播！

如果在一個寒冷的夜裡豎起耳朵聽，有時會聽見遠方奔馳的電車聲。是因為晚上很安靜，所以遠方的聲音不會被噪音掩蓋，才聽得到的嗎？原因不僅僅如此。

夜晚聽得見遠方聲音的這一點，跟**「溫度」**和**「聲音折射」**息息相關。白天天晴時，太陽曬熱地面，這股熱氣也慢慢傳遞到空氣中，使氣溫上升。因此溫度將隨著空氣移動到高空中而降低。等到晚上，地面降溫的速度比空氣快，所以地上會比上空的空氣還要寒冷。

聲音在氣溫不同的空氣中前進時，會在**溫度的交界處折射**。當聲音從溫暖的空氣來到冰冷的空氣中，折射角會比入射角還小；聲音自冰寒的空氣前往暖和的空氣時，折射角又會比入射角還大。

換言之，在愈往高空愈冷的白天，**聲音將會往上不斷折射**。結果聲音往高空跑去，無法傳到遠方〔圖1〕。反之，在愈往高空愈暖的夜晚，**聲音便會接近水平地折射出去**。另外，聲音還有繞過障礙物的「繞射」效果。所以晚上的聲音可以傳到比較遠的地方去〔圖2〕。

聲音因空氣的溫度差而折射

白天聲音的行進方式〔圖1〕

白天地面附近的氣溫比較高。因此聲音像是奔向高空般折射上去。

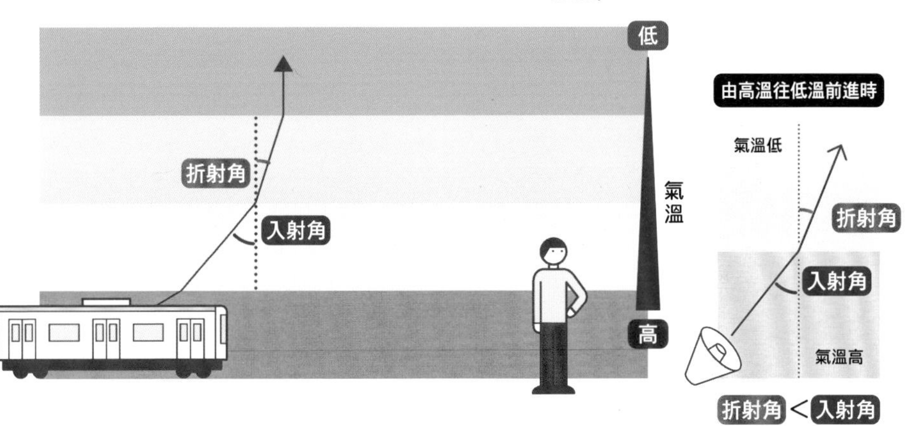

夜晚聲音的行進方式〔圖2〕

晚上地面附近的氣溫比高空低。跟白天相反，聲音會往水平的方向傳到很遠的地方去。

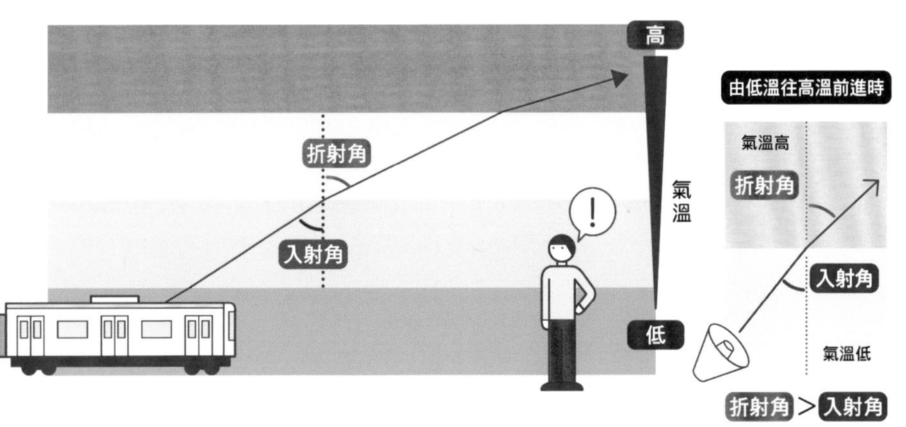

34 只有動物聽得見？超音波到底是什麼？

原來如此！

有些頻率的聲音人耳聽不見。

動物靠**超音波**探查周遭！

聲音是空氣振動的波動，**可聽到的聲音頻率會依動物的不同而有所差異**〔圖1〕。雖然頻率愈大聲音愈高，但人類所聽得見的聲音（即**「可聽聞音」**）約在20～20,000赫茲左右。**那些人類聽不到且比可聽聞音更高的聲音，稱作超音波**。

聲音也可以在水裡傳開來。聲音的速度在空氣中約為每秒340公尺，在水中則會加快到大約每秒1,500公尺上下。超音波的傳遞距離雖然比可聽聞音少，不過頻率高了以後就能直直前進，所以可以在狹窄的範圍內精準定位。

海豚充分善用了這個特性。海豚讓相當於鼻孔的呼吸孔內的鼻液囊振動，以連續發出超音波。這些超音波被海豚頭上類似碟形天線的骨頭反射後，便向前方直直前行，之後在碰到水中的魚群或岩石時再反射回來〔圖2〕。海豚**接收**這些**反射聲波**後，便能詳細知道水中的樣貌，如同我們用雙眼看見畫面一樣。

以巧妙運用超音波的動物來說，蝙蝠也是人盡皆知的一種。而貓狗、老鼠、昆蟲等生物也會利用超音波的聽取來探索周遭事物。

超音波比人類的可聽聞音更高

可聽聞音會依動物種類而不同〔圖1〕

許多動物可以聽到人類所聽不見的高音（即「超音波」）。

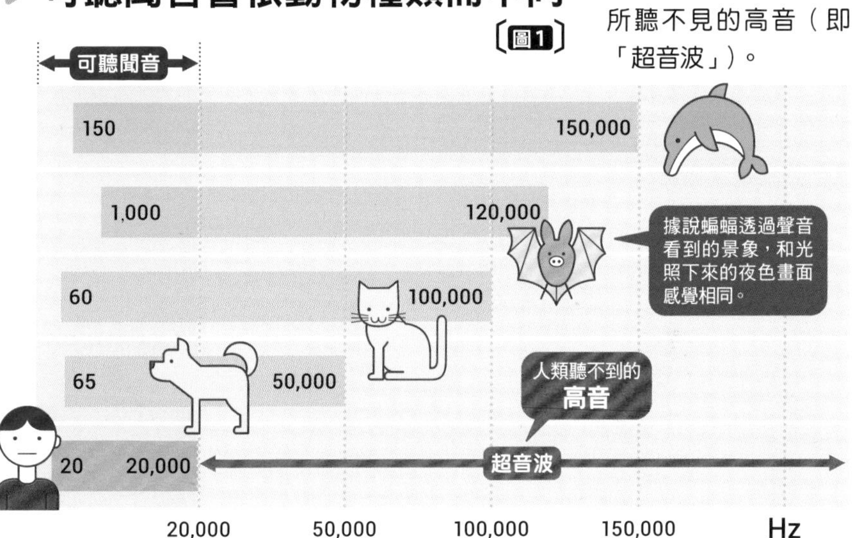

出處：《Carrozzeria的聲音雜學大辭典》（Pioneer先鋒）

海豚發射超音波〔圖2〕

海豚發出的超音波，會透過頭上碟型天線狀的骨頭反射後，再經由名為額隆的器官發射出去。

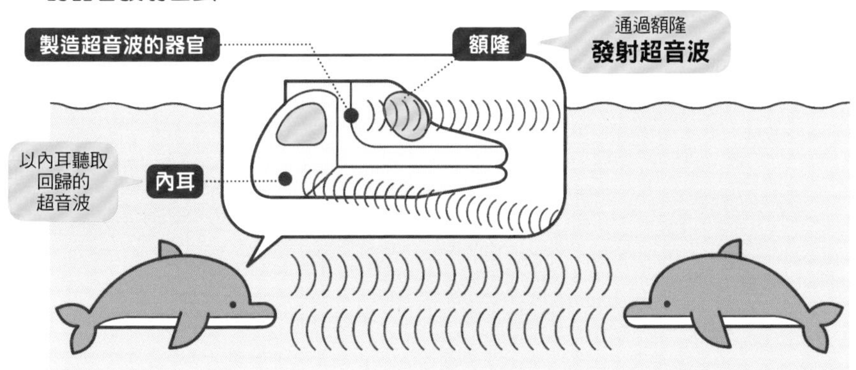

假想
科學特輯
6

紙杯傳聲筒最長能有

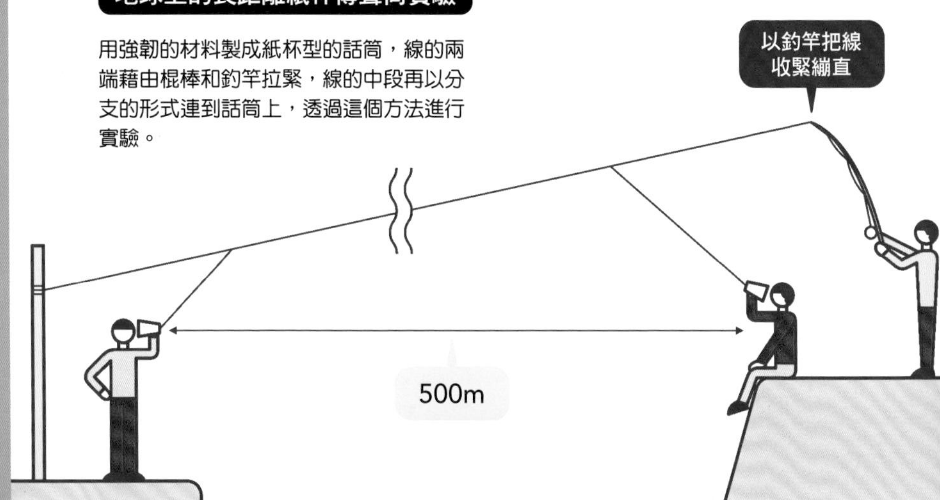

在線的兩端接上紙杯，再把線拉直，只要對著其中一邊的紙杯說話，便能將聲音傳到另一邊的紙杯上，這就是「**紙杯傳聲筒**」。其原理是：聲音所產生的振動透過收緊的線傳遞出去，這些振動會讓另一邊的紙杯也跟著振動，再經由空氣振動傳到對方耳中。但是，如果線太長時，拉緊線段會讓紙杯破掉，所以一般而言10到20公尺就是它的最大距離了。

有一群人實際做過「紙杯傳聲筒能聽到聲音的最遠距離是多少？」的實驗。他們用比紙還要堅固的材料做成紙杯話筒，再用棍棒和釣竿在線的兩端拉緊線段，然後從繃緊的線上拉出分支連到話筒上。透過這個方法來實驗，成功實現500公尺距離的傳聲筒通話。

在地球的空氣中，加長線段不只會增加線本身的重量，還會受到

多長？

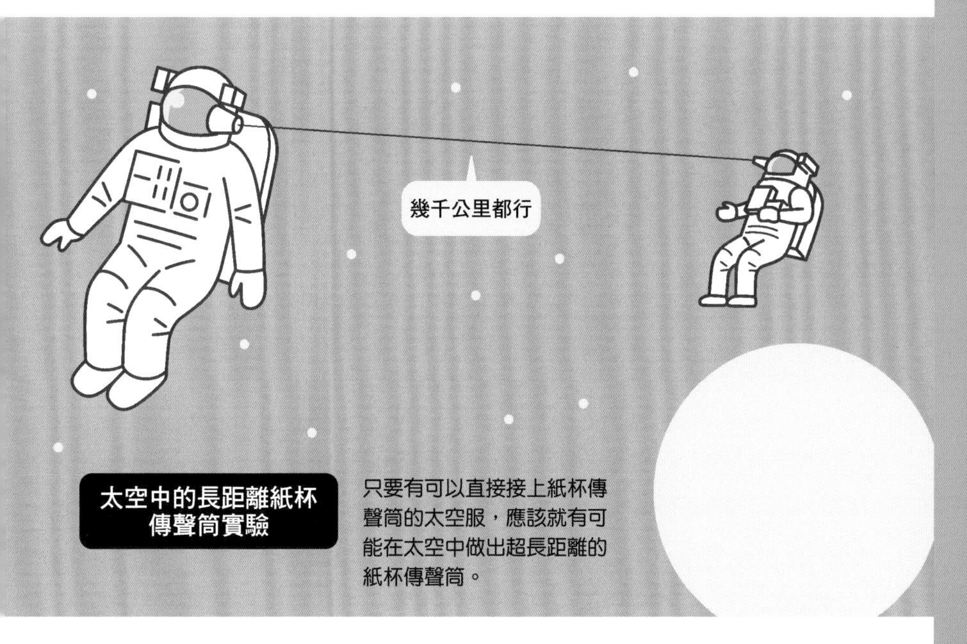

風的影響。線愈長就愈難使它繃直，因此**現實中500公尺左右大概就是極限**。

不過，如果在真空的宇宙中，紙杯傳聲筒可以拉到幾百公里、甚至幾千公里以上。**即使在真空中，線的振動也會傳出去**，所以就算途中振動轉弱，原則上只要耳朵非常好就應當能聽見聲音。然而，聲音是透過聲帶振動傳到空氣中的，而且聆聽者也是經由空氣振動使耳膜共振來感覺到聲音，故而紙杯傳聲筒在真空的宇宙中無法使用。

但是，假設是在**直接連接紙杯傳聲筒的太空服**裡進行對話的話——因為太空服裡有空氣，所以超長距離的宇宙紙杯傳聲筒就很有可能成真。

35 可以映照事物的鏡子，其構造是什麼？

原來如此！

因鏡子背面有銀這種「**適合反射光的物質**」，光線整齊地**單向反射**回來，映出物品的模樣！

為什麼鏡子可以映照出東西呢？這跟**光的反射**、以及**玻璃和銀**等材料所具備的性質有所關聯。

首先，先來看看反射的原理吧。光照射平面時，照在平面上的角度（**入射角**）等於反射時的角度（**反射角**）〔圖1〕。鏡子裡映射出自己的外貌，是因為光照到鏡子平滑的表面上，再整整齊齊地反射回來。這種反射方式稱為**單向反射**。鏡子就是利用單向反射映照出物體的樣貌。

接下來講到鏡子的構造。鏡子表面是用平整的玻璃製成，為了不讓光穿過鏡子，玻璃後面會以銀或鋁鍍出一層**不透光的金屬膜**。這層膜會反射幾乎百分之百的光線，因此才能看到清晰明亮，彷彿跟眼前所見實物一模一樣的成像〔圖2〕。

順便一提，窗戶玻璃的表面也很平滑，所以會映出事物。不過窗戶反射回來的光比外面透過玻璃射進來的強光還弱，所以白天看不太到它上面映出的物體。等到晚上外面天暗下來以後，通過玻璃的光變少了，便能將事物映照得清清楚楚。

在鏡子表面，光的入射角等於反射角

▶鏡子映出自身模樣時的光反射〔圖1〕

從帽子、胸口、靴子照射出來的光，都因為入射角等同反射角的關係，整整齊齊地反射回來，使雙眼看見一個與實物外貌相同的鏡像。

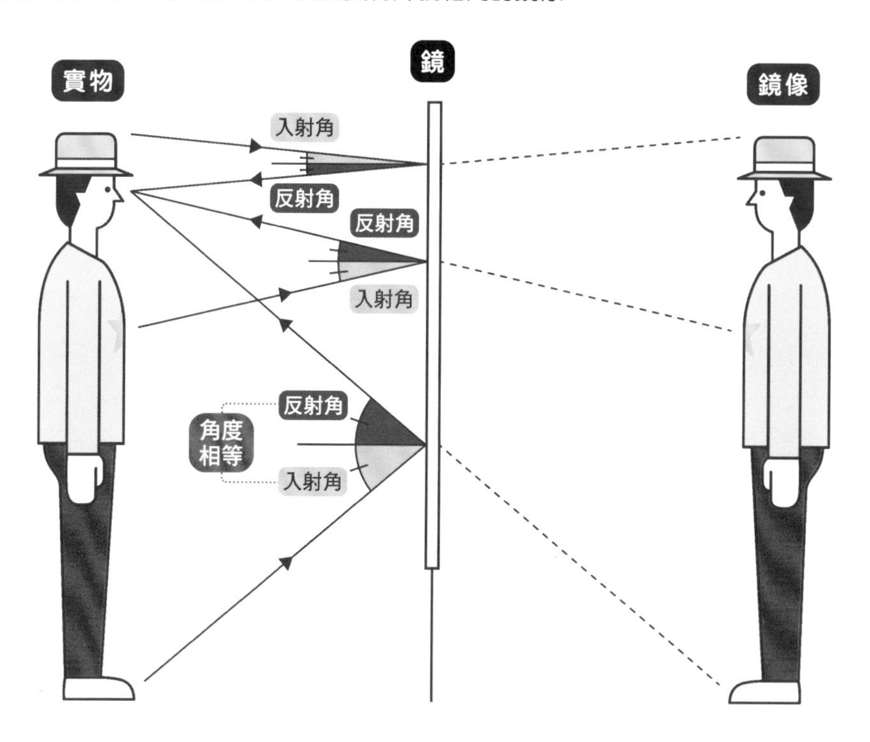

▶鏡子的結構〔圖2〕

鏡子由玻璃和一層金屬膜製成。銀和鋁幾乎可以單向反射百分之百的光線。

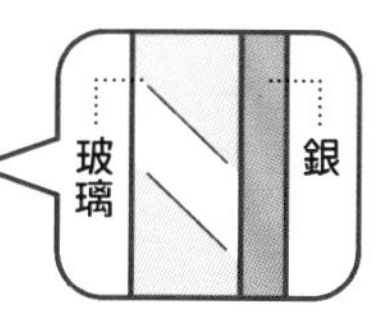

由於光各自在玻璃表面和銀鍍膜上反射，所以仔細一看可以看到鏡子裡有重影。

36 看到幻覺了嗎？海市蜃樓的真相是什麼？

原來如此! 光線**由於空氣的溫度差而折射**，
所以能看見因溫度差產生的**幻覺**！

所謂的海市蜃樓是一種現象，有時會看見遠方的東西浮在半空中，有時則看到顛倒過來的景象。光線雖然會在均質的空氣中直直前行，但當它進入濃厚空氣（溫度低的空氣）與稀薄空氣（溫度高的空氣）裡頭時，便會在其**分界線上折射**。由於這些折射，我們才會看到那些原本應該看不到的遙遠事物浮在空中。

海市蜃樓有好幾種，不過多半能在海上看見的**上蜃景**是最具代表的現象。這種現象出現在接近海面的空氣較冷，上方空氣又漸漸溫暖起來的時候。像這樣有著氣溫差的夾層中，**光從氣溫高（密度小）的地方向氣溫低（密度大）的地方折射**。由於這種折射狀況接連出現，所以光便成了曲線狀。此時岸上的人眼中會看見船倒過來的景象〔圖1〕。另一方面，因為光在接近海面的冷空氣層中不會折射，所以可以看到船原本的模樣。這麼一來，人們眼中映出的是看起來很普通的船，以及船的上方疊加顛倒船影的畫面。

因相同原理產生的現象裡，有一種叫做**「假水窪」**。在炎夏大晴天的柏油路上，遠方的路面看起來好像濕濕的樣子。這是源於強烈日照使道路變暖，並**在路面附近形成溫暖的空氣層，導致光線折射後所引起**〔圖2〕。

光因氣溫差而折射時出現

上蜃景的出現原理〔圖1〕

海面冷空氣層的上方形成暖空氣層後，就會出現這樣的海市蜃樓。

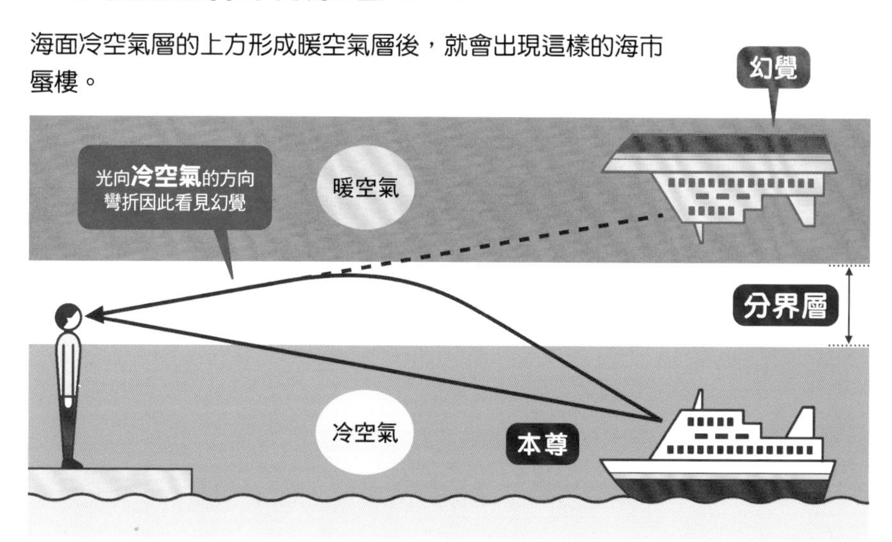

假水窪的原理〔圖2〕

假水窪是在炎夏的晴天裡，柏油路前方的路面看起來像是被水潤濕的現象。

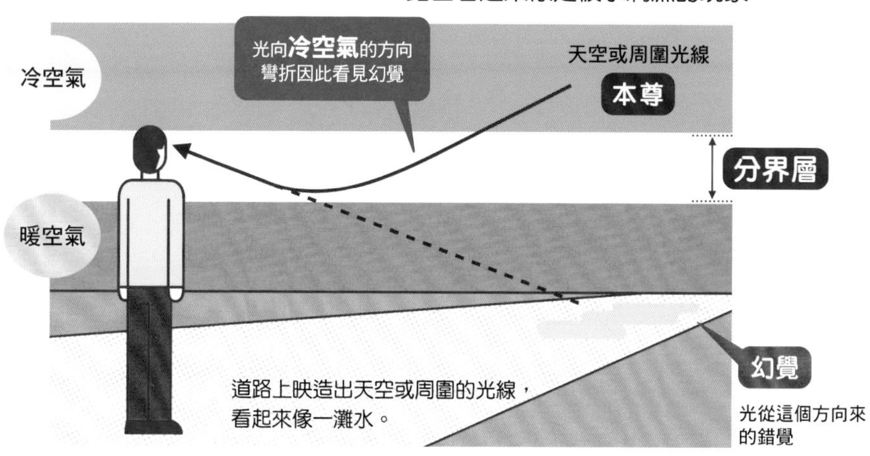

37 雖然「光」理所當然存在，但它究竟是什麼？

原來如此！

光是**電磁波**。
有人眼可見的**可見光**與人眼**看不到的光**！

每秒速度約30萬公里，速度很快，1秒就能環繞赤道七圈半的光。其真面目是一種名為**「電磁波」**的能量波。在這種電磁波之中，人類雙眼能感覺到的電磁波稱為**「光」**或**「可見光」**。

那，**人眼感覺得到的「電磁波」**到底是什麼？電磁波正如其名是一種「波」。這個波段的頂點到下一個頂點的距離叫做「波長」〔圖1〕。我們**將眼睛所察覺的波長當作「光」，其頻率差不多是400～700奈米（nm）**。奈米相當於10億分之1，是一種表示微小距離的單位。

我們眼睛感覺到的光，可以**再依波長分成從紅到紫共7種顏色**〔圖2〕。紅光的波長最長，它們由長至短以紅、橙、黃、綠、藍、靛、紫的順序排列。可見光的波長很短，較長的紅光波長約為700奈米左右，最短的紫光則是400奈米上下。

波長比紫光還短的電磁波是紫外線、X射線、以及伽瑪射線。波長比紅光還長的電磁波則是紅外線和電波。這些電磁波是名為光子的基本粒子（➡P.206），人們認為它們會飛越空間傳播出去。

用顏色感知光的波長大小

▶波與波長〔圖1〕

光是名為電磁波的能量波。波的頂點到頂點之間叫波長，電磁波的種類以波長的長度劃分。

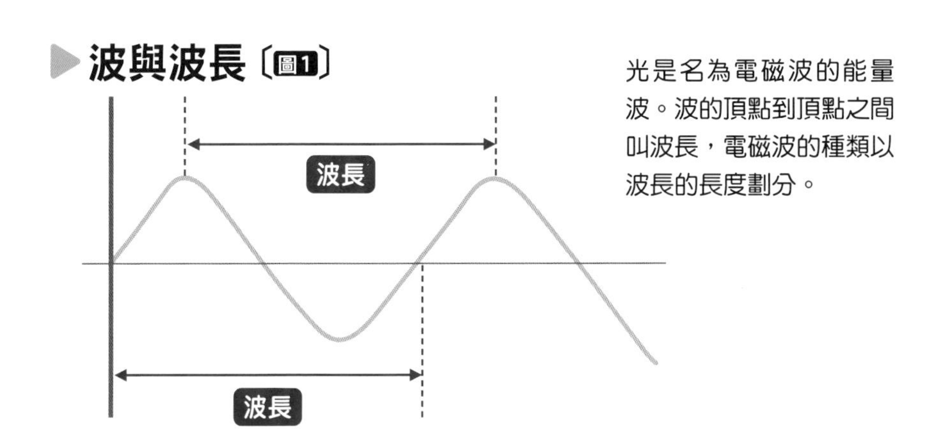

▶電磁波和可見光的波長〔圖2〕

一般稱作光的是電磁波裡的可見光。波長比可見光短的是紫外線、X射線與伽瑪射線。波長比可見光長的叫做紅外線、電波。

1μm（微米）＝1,000nm（奈米）

1mm（公釐）＝1,000μm（微米）

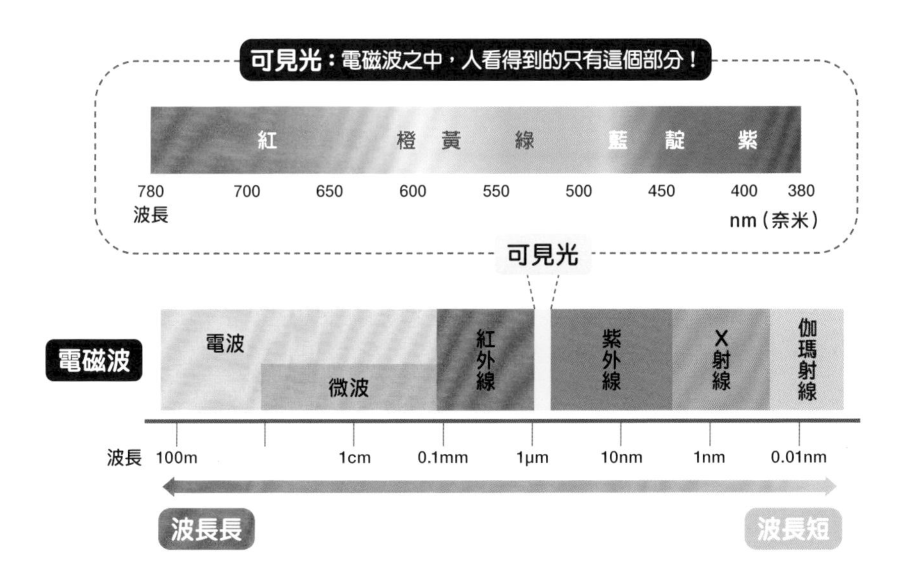

38 彩虹是什麼？它按照怎樣的原理形成？

原來如此！

原本**由7種顏色組成的太陽光**，穿過水分子後將**分離可見**！

雨過天晴後出現、在庭院為草木澆水時出現……我們經常見到「彩虹」，不過話說回來，彩虹是什麼東西？

所謂的彩虹，是一種太陽光透過水滴**折射、反射後分成7種顏色的現象**。為什麼有7種顏色，是因為太陽光由「紅、橙、黃、綠、藍、靛、紫」7色所組成。將這7色調和在一起的太陽光，平常在我們眼裡看起來是白色（無色）的。**穿過雨後空氣中飄散的水分子，這道光才會被分離成七色光**〔圖1〕。

太陽光分成7種顏色一事，可用**三稜鏡**加以證實。三稜鏡是一種用玻璃或水晶製成的三角柱，目的是確認光的折射、分散及反射。太陽光經過三稜鏡的反射或折射分離成7種顏色〔圖2〕。在大氣中，**水分子與三稜鏡產生相同的作用而形成彩虹**。

水分子中的「入射光」與「射出光」，就像圖1一樣呈現40度角左右。而且**這個角度又各依7種顏色的不同而有所差異**。因此，原本看似一種顏色（無色）的太陽光被分開來，以彩虹的樣貌映入眼簾。

光的折射與反射使它分色

形成彩虹的原理〔圖1〕

太陽光穿過空氣中飄浮的小水滴時，進行折射、反射而分離7色，成為彩虹為人們所看見。因此我們只能在太陽的相反方向看到彩虹。

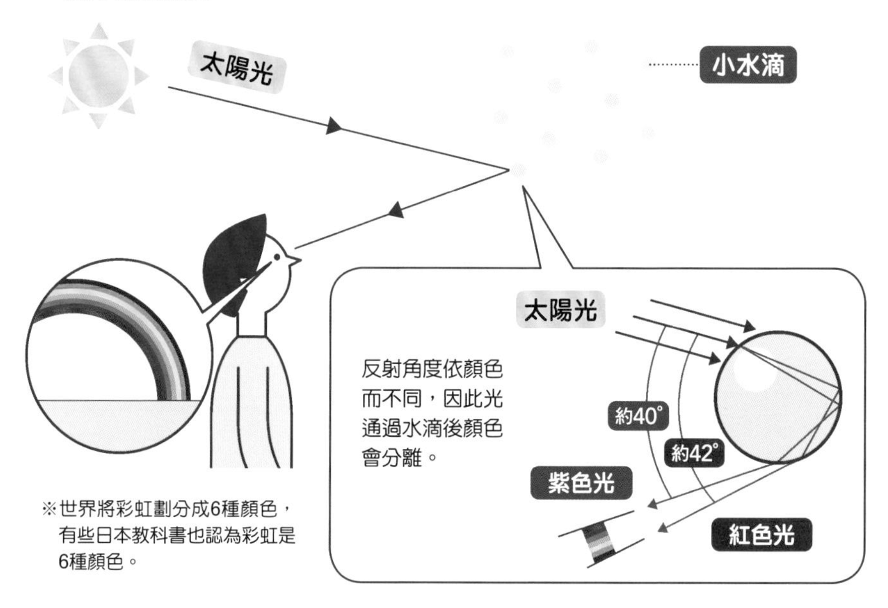

※世界將彩虹劃分成6種顏色，有些日本教科書也認為彩虹是6種顏色。

用三稜鏡分離出的太陽光〔圖2〕

太陽光穿透稜鏡後分成7色光。彩虹的話，則是由細微的水分子實行三稜鏡所負責的工作。

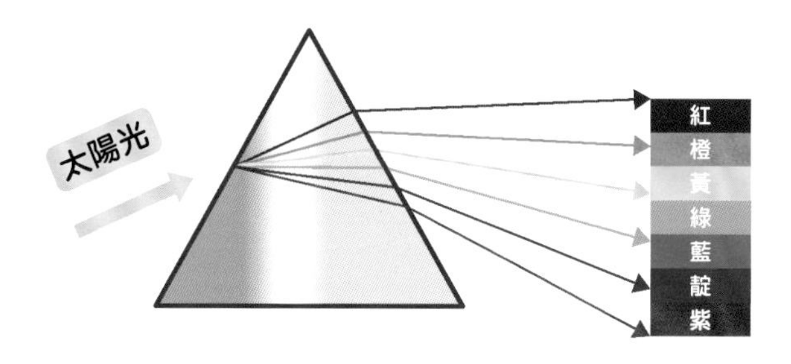

39 為什麼天空和海洋是藍色的？

原來如此！

因為藍色容易在大氣層中**散射**，**散射後的光被我們看見**的關係！

天空是由空氣聚集而成，海洋是由海水聚集而成。明明無論哪一邊近看都是透明的，但為什麼它們看上去是藍色的呢？

先從藍色天空的原因開始講起。太陽光由紅、橙、黃、綠、藍、靛、紫7色光混合而成，看似是白色的光。這7種顏色因波長不同而色澤相異（➡P.106），太陽光照射在空氣中的氧氣和氮氣等粒子上，並向四面八方飛散。這稱為**「散射」**，波長較短的**藍色或紫色光具有容易散射的性質**〔圖1〕。由於這些**散射的藍紫色光線映入眼簾，所以天空才會是藍色的**。

順便一提，夕陽會紅，是因為太陽落在西方時，光線斜射過來的關係。光線角度傾斜，太陽到地面的距離就會變長。也就是說，光會穿越距離很長的空氣層。由於藍色光遇到空氣中的粒子散射出去，到不了我們所在的地方，只有**難以散射的紅色光抵達我們眼前**。

那麼，海是藍色的理由又是什麼？事實上，除了反射天空的顏色之外，**水分子還有一個性質是吸收紅色光**。太陽光所包含的7種顏色中，紅色的光被水吸收掉了。藍色光不被吸收並繼續前進，然後它像在天空時一樣，碰上水分子而散射出去，使海洋呈現藍色〔圖2〕。

紅色難散射，藍色易散射

藍色光容易散射〔圖1〕

藍色光波長短，容易撞上空氣中的粒子而散射出去。波長長的紅色光很難碰到空氣粒子，所以也不容易散射。

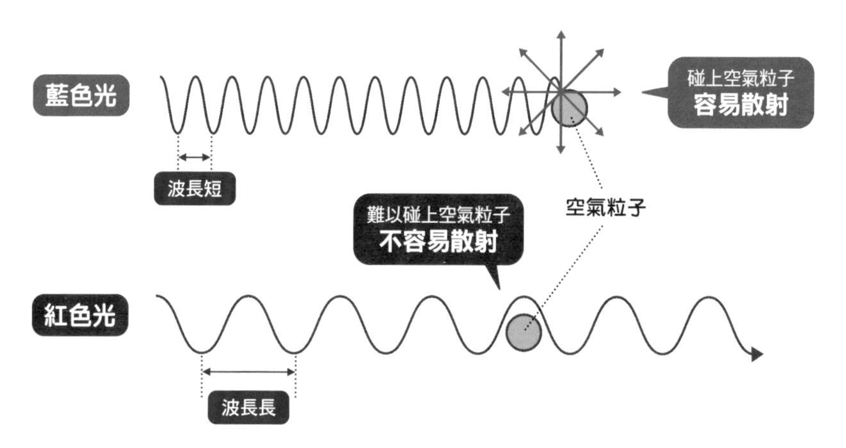

水會吸收紅色光〔圖2〕

太陽光中，紅色被水吸收，沒被吸收的散射藍色光映入眼中。再加上天空的顏色（散射藍光）也被反射回來，所以海看起來是藍色的。

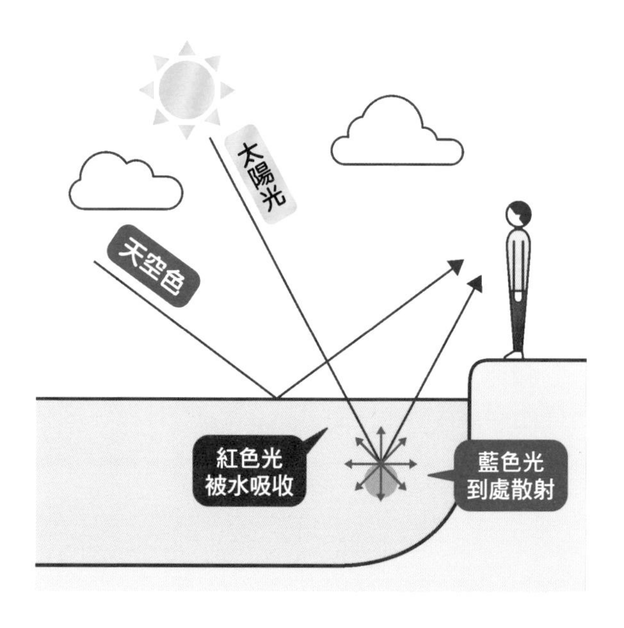

40 紅外線是什麼？它有何性質？

原來如此！

眼睛看不到卻能感覺到的光。
導熱，且具有**類似可見光的性質**。

被運用在電化學等產品上的**「紅外線」**。雖說常常聽到這個名字，不過它究竟是什麼性質的東西呢？

可見光依波長長短的順序由紅排到紫（➡P.106）。肉眼看不見波長比紅色光還長的電磁波，它有一部分被稱為「紅外線」〔圖1〕。

儘管目不能及，但我們可從日常生活中感覺到紅外線的存在。太陽光的溫度，來自於跟可見光一起從太陽傳遞過來的紅外線。換言之，**紅外線具有熱傳導的性質**。

如圖1所示，紅外線依波長又分成**近紅外線**、**中紅外線**、**遠紅外線**三種。其中近紅外線鄰近可見光的紅色光，本身的特性也較接近可見光，所以被運用在電視遙控器或紅外線相機等產品上。

一按下電視遙控器的按鈕，遙控器就會發出紅外線，這道紅外線照在電視本體的收訊區控制電視，這就是遙控器的運作原理〔圖2〕。用一張紙就能阻礙紅外線的前進。遙控器為什麼不用電波發射，而是採用紅外線，是因為電波可能會穿越房屋牆壁，有誤操作隔壁房間或鄰居家電視的疑慮。

紅外線按波長分三類

紅外線的波長與分類〔圖1〕

紅外線是波長比可見光長的電磁波。依照波長可分為近紅外線、中紅外線及遠紅外線。

利用紅外線運作的遙控器〔圖2〕

按下遙控器按鈕，遙控器發出的紅外線訊號就會被電視的紅外線感應器接收。將紅外線脈衝化（些微閃爍）後建立訊號模式，接收器讀取這個訊號模式並實行開關電源或轉台的動作。

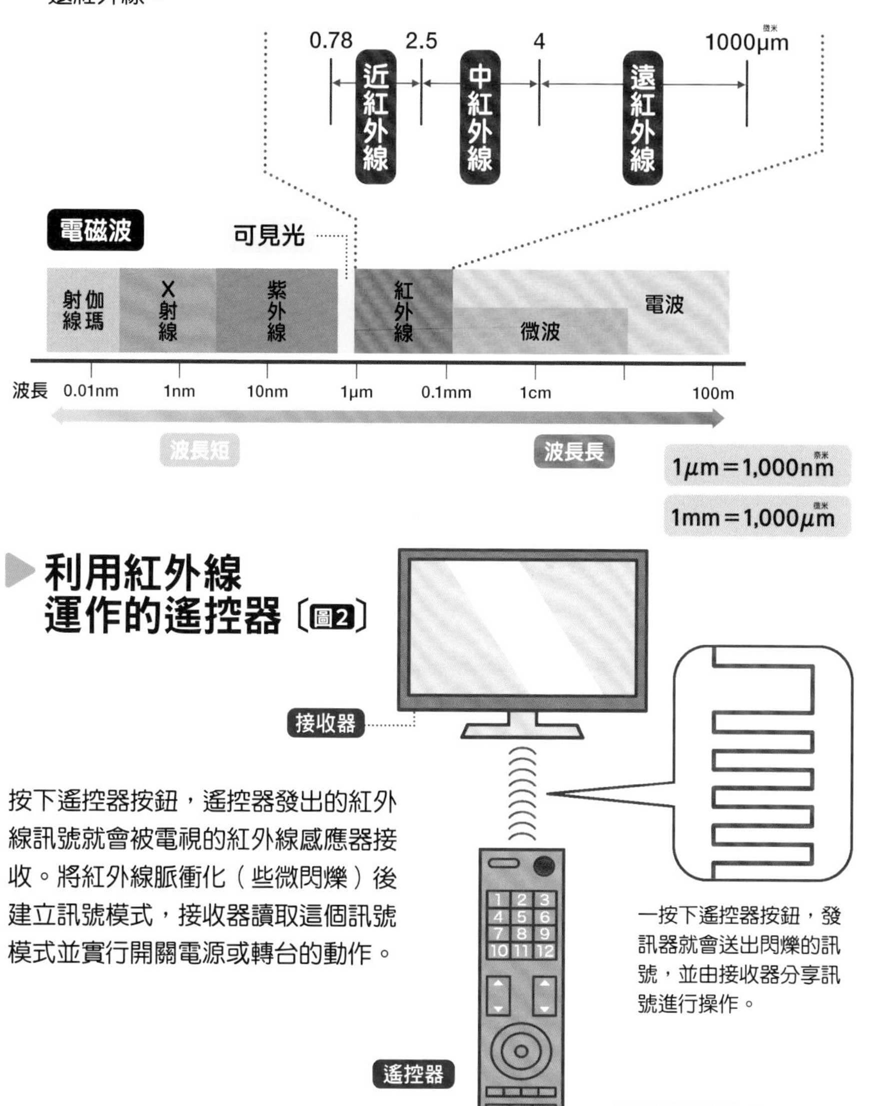

41 曬傷的原因是什麼？紫外線是怎樣的光線？

原來如此！ **紫外線**依據**波長差異**分成3種。裡頭的**UV-B**就是曬傷的原因。

天氣預報上會報出紫外線的資訊。據說紫外線會引發曬傷，不過它是什麼樣的光呢？

首先，根據波長長度，將太陽傳來的光芒裡人類看得到的可見光依紅到紫的順序排列（➡P.106）。**紫外線是波長比紫光還短的光**，而且肉眼看不到它。

接下來，再從波長（➡P.106）最長的順序開始，將紫外線分為**UV-A**、**UV-B**、**UV-C**3種〔圖1〕。其中，UV-C會被地球上空的臭氧層擋掉，所以抵達地上的是UV-A、UV-B兩種。這兩種紫外線會對人體產生各式各樣的影響。

如果大量暴露在UV-B下的話，皮膚會曬傷變紅並長出水泡，之後肌膚色澤會變黑。膚色變黑是因為皮膚細胞大量生成吸收紫外線的黑色素。UV-B是引發皮膚癌跟白內障的原因。另一方面，UV-A雖然不會引起嚴重的曬傷，但它會導致皮膚慢慢變黑，也是肌膚長皺紋或鬆弛的源頭。

紫外線似乎有不少的危害，不過它也會**使我們的身體製造出維生素D**。據日本維生素學會所言，只要夏天照30分鐘、冬天照1小時左右的太陽，就能獲得充分的效果。

紫外線有UV-A、UV-B、UV-C三種

紫外線的波長與分類〔圖1〕

照射到地面上的紫外線是UV-A跟UV-B。這兩種紫外線會對生物的健康產生影響。

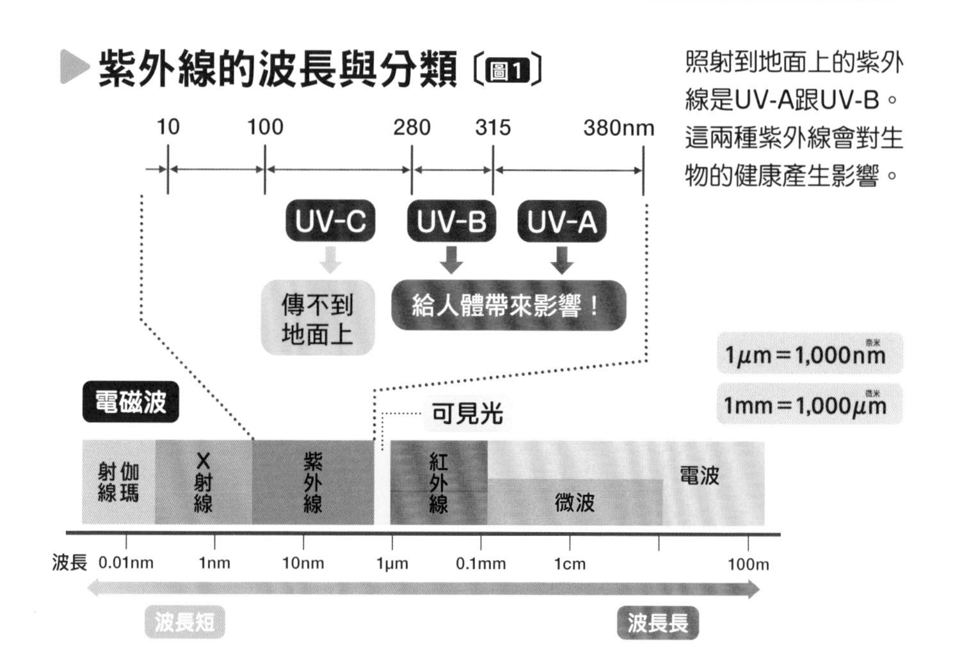

紫外線對肌膚的影響〔圖2〕

UV-B是皮膚表面黑色素增加並曬黑的原因。

UV-A會抵達皮膚深處的真皮層，破壞膠原蛋白及彈性蛋白等物質，成為皺紋或皮膚鬆弛的原因。

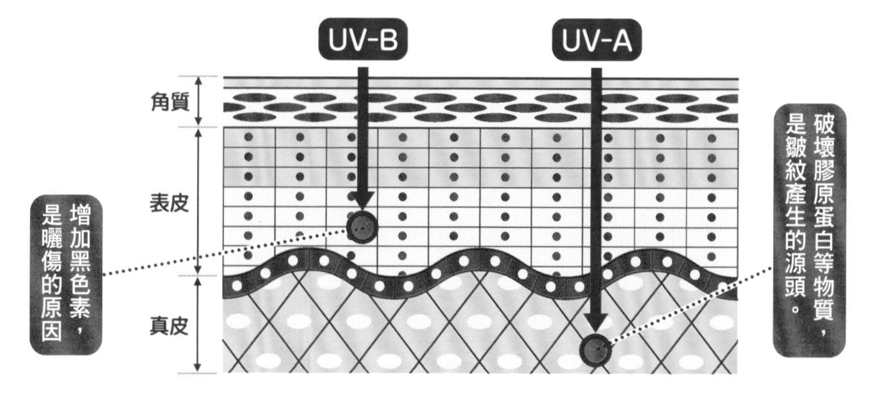

42 X光檢查為什麼可以看透人體？

原來如此！ X射線是**比光線還強的電磁波**，可穿透物體。利用它這個特性透視人體！

X光檢查之類的技術為什麼可以透視人體呢？

X射線（X光）跟光線一樣是電磁波（➡P.106），不過跟光不同，X射線具有**通過（穿透）物體的性質**。X光檢查就是運用這個特性讓人體透明可見。

光沒辦法穿透物體，X射線卻可以。這是因為**X射線所擁有的能量比光還強**的關係。

世上所有事物都是由原子組成。原子的中心有一顆原子核，原子核的周圍環繞著電子。光照射到原子上時會被電子捕捉，另一方面，能量強的X射線不會被電子捉住，所以它**可以穿過原子核跟電子間的夾縫**。

只不過，X射線也不是什麼都能穿透。以人體來說，它可以通過皮膚或肌肉等水分多的地方，卻無法穿越骨骼這類實心的組織。利用這項原理照出的畫面，印上黑色的地方是X射線通過的部分，印上白色的地方是X射線過不去的區域，所以能將骨骼跟其他部位分辨出來〔圖1〕。

電腦斷層掃描（CT）基本上也是一樣的原理。X光管一邊繞著身體周圍旋轉，一邊攝影，之後處理影像並製作立體影像〔圖2〕。

即使在身體裡，X光也不能穿透骨頭

X光攝影的原理〔圖1〕

X光管中射出的X射線會穿過身體，並在軟片上映出皮影戲般的影像。

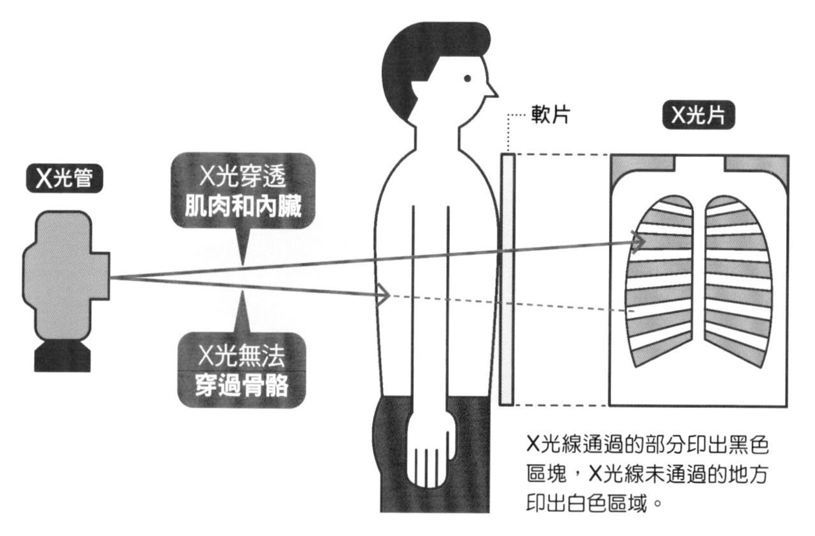

X光線通過的部分印出黑色區塊，X光線未通過的地方印出白色區域。

電腦斷層掃描的原理〔圖2〕

在電腦斷層掃描中，X光管會繞著身體周圍旋轉拍攝。像這張圖這種X光管以螺旋狀旋繞的方式，就叫做螺旋掃描。

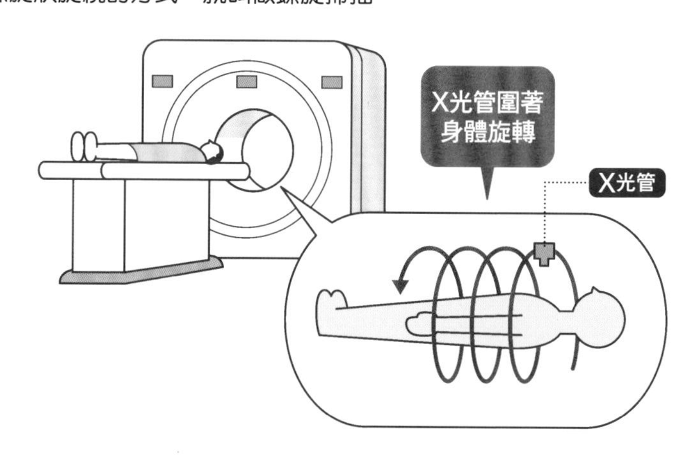

43 影印機為什麼可以複印畫面？

原來如此！

運用**光與靜電的原理**，
正確地轉印畫面！

可精確複印資料的影印機。儘管這個東西我們平常都會用到，但它到底是怎樣的一個結構呢？

最初的影印機像照相機一樣用鏡頭複製原稿圖像。圖像會被鏡頭下的**感光筒**給記錄下來。感光筒是一種元件，它有一個特性是，**將它放在沒有光亮的地方時，它的表面上會儲存靜電；一旦光打在它上頭，靜電就會逃逸無蹤**。

感光筒的表面帶有負靜電，這時要將用於複印的光打在原稿圖像上。原稿白色區塊的光芒很強烈，被光照到的區域的靜電因此逸散掉了。另一方面，原稿黑色的部分光線微弱，所以負靜電就殘留在這些區域中。

此時要撒上碳粉。**碳粉是由碳跟塑膠結合而成的細小顆粒，上頭帶有正靜電**。因此會緊緊吸附在感光筒殘存負靜電的地方（光照在原稿黑色部位的那些區域）。

接著**再次用靜電，將這些從感光筒上重現的碳粉圖案轉印在紙上**。不過這樣碳粉會從紙上掉落，於是要加熱將碳粉烙在紙上，不讓它剝落。經歷這些過程後，影印機就會吐出印好的紙張。

利用靜電複印紙張

▶影印機的原理

影印機裡，感光筒照不到光的部分會殘留負靜電（❶+❷）。
然後帶有正靜電的碳粉便會吸附其上（❸）。

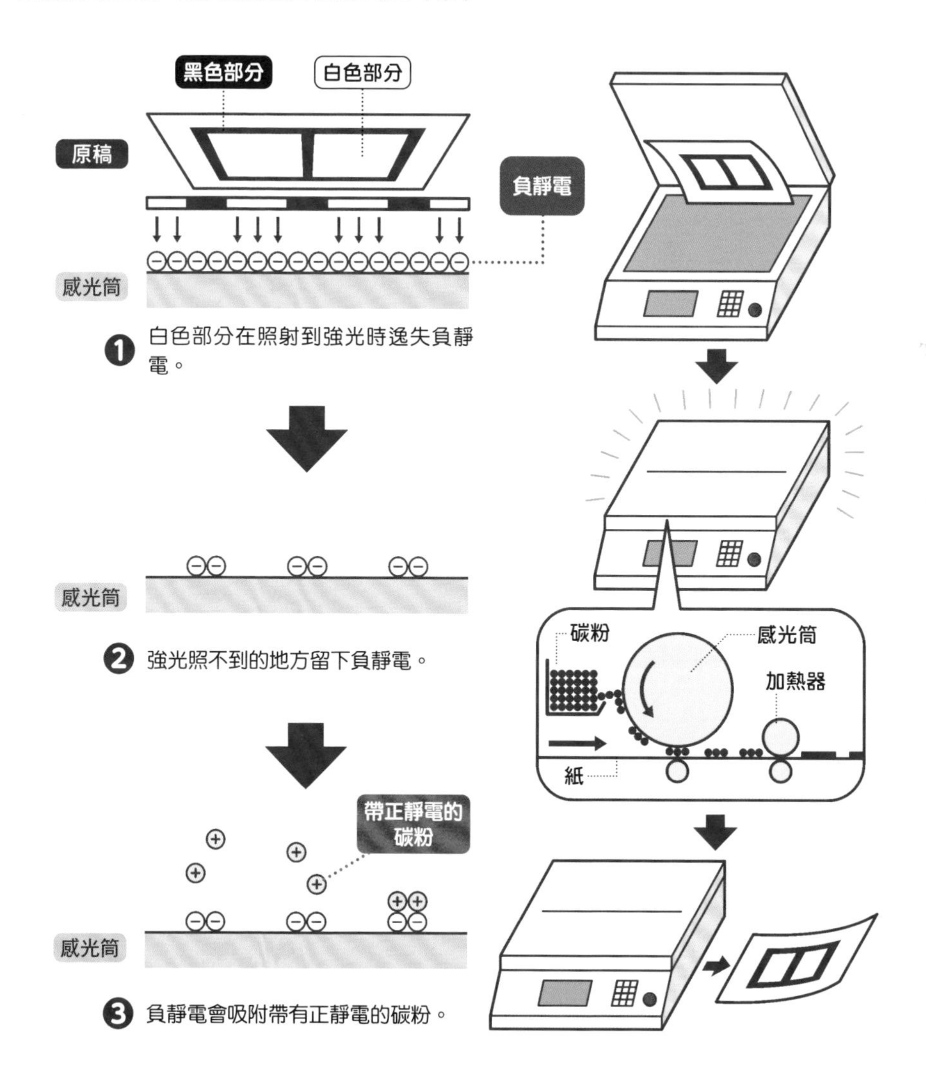

還想知道更多！
精選物理學
⑤

Q 靜電 會電死人嗎？

會 or 不會

空氣乾燥的冬季，在室內碰觸門把時，有時指尖會被電一下。這是靜電搞的鬼。電到的當下會嚇一跳，感覺對心臟很不好，以前曾有過被這種靜電電死的人嗎？

話說回來，所謂的**靜電**是什麼？大致上來說，物質只要帶有正電或負電都稱為**「帶電」**，可說是靜電積在身上的狀態。

如果在這種帶電狀態下摸到金屬門把的話，留在身體上的電就會從指尖一口氣流向門把。從帶電的物體上放出電力的現象叫做**「放電」**，這就是靜電的真相。

電力的強度可用**電壓**跟**電流**來表示。若以河川的河水量來比喻電壓電流，電壓可說是河川高低差，電流則是水量。比如說，就算水流從高處落下，只要流量很少，對身體就不會有任何傷害。相反地，即使沒什麼高低差，一旦水流量大得不得了，便會給身體帶來巨大的衝擊。**電力對人體的影響不是靠電壓，而是由電流來決定**。

累積在衣服上的靜電放電時，電壓可達到好幾千伏特。但是，因為電流小得只有幾微安而已，所以人並不會因為電力的衝擊而死亡。

只不過，能電死人的強大靜電也是存在的，那就是── 雷電（➡P.68）。

雷是靜電

當負電積在積雨雲底下時，它會吸引地面聚集正電，於是很有可能會引發打雷。

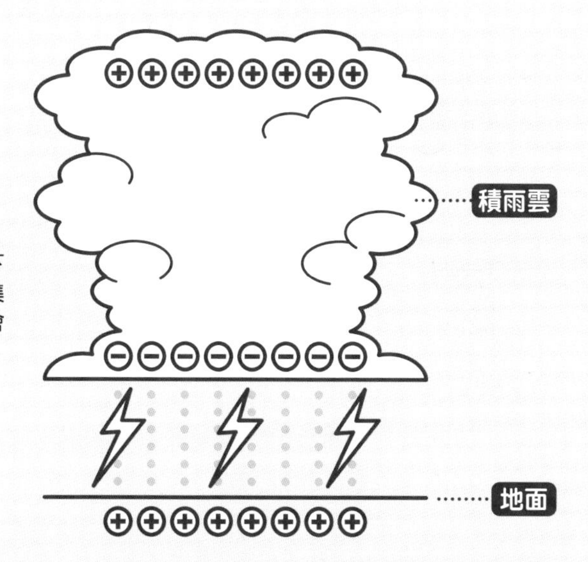

據說打雷的電壓在數千萬到2億伏特間，電流則是達到數萬至數十萬安培。要是承受這麼強的電流跟電壓的話，即使只是一瞬間，也會因此電死。

所以正確解答是「會（打雷級別的靜電的話）」。

44 為什麼電池會產生電力？

原來如此！

將以電線連在一起的**兩片電極**放入**電解液**中，電就會產生！

在稀鹽酸裡放入連著電線的銅板和鋅板後就能發電。利用稀鹽酸作用的液體稱為**「電解液」**，銅板跟鋅板則是**「電極」**。這便是電池的構造。而將這個結構塞進罐子中方便攜帶的就是乾電池。

再仔細一點看看電流產生的原理吧。世上所有物質都是由原子聚集而成，電極的鋅板也是由無數的鋅原子構成。這些鋅原子身上**具有帶負電的粒子，叫做電子**。因為只有鋅會溶解在稀鹽酸中，銅不會，所以鋅板上的鋅原子變成帶正電的離子溶在其中。這時候，鋅原子釋放兩個電子出來，這些電子透過電線傳導向銅板的方向移動。鹽酸中含有帶正電的氫離子，這些氫離子得到流入銅板的電子後，因帶正電的氫離子與帶負電的電子結合而變成氫。

一旦銅板中的電子用光，鋅板就會再製造電子給它……像這樣**讓電子不斷循環流動，藉此發電（即產生電流）**。

電極生成的電子流會變成電

▶電池的構造

用電解液跟兩片電極就能做出電池。經由鹽酸、鋅、銅板等材質的化學反應所產生的電子不斷流動，藉此把它當成電流提取出來。

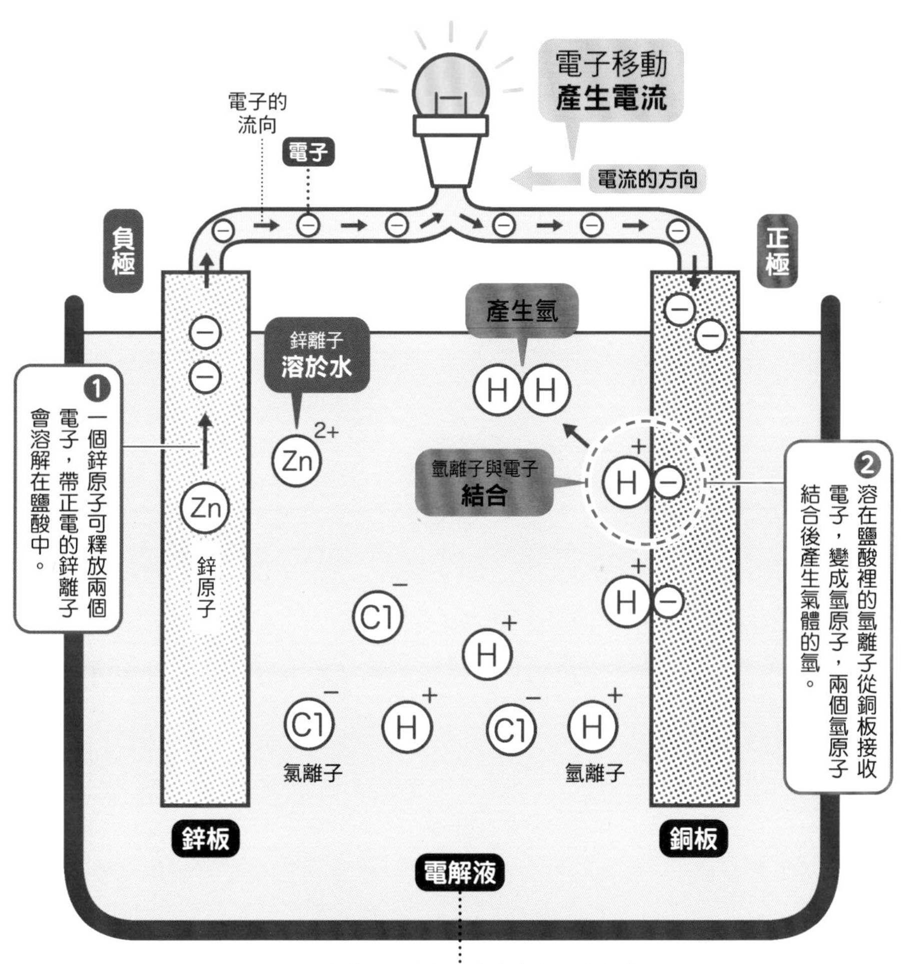

電解液（稀鹽酸）中含有氯離子和氫離子。銅不會溶於鹽酸中，只有鋅能溶解。

45 發電廠造出的電，要花幾分鐘才能送到家裡？

原來如此！

電線上充滿**自由電子**，
一旦打開開關，電就會**瞬間**流動！

發電廠發電並運電到家的這段過程，究竟需要花費多少時間？答案是**「一瞬間」**。

電線上原本就充滿了**自由電子**。自由電子是指，它可在金屬等物質內自由活動，並起到傳導電流的作用。只要家電產品開啟電源的這個資訊傳到它手中，**自由電子就會移動形成電流，即時供電**。

那麼，發電廠是在什麼時候發電的？發電時又要製造多少電量呢？

發電廠所製造的電稱為**「交流電」**，正負電流的方向會在1秒內轉換好幾十次〔圖2〕。我們把該電流方向的切換次數稱為**頻率**，以赫茲為單位表示。

發電量若比耗電量大，電壓跟頻率都會提高；耗電量比發電量大，電壓和頻率也都會下滑。假如發電量與耗電量的平衡被打破，有任何一方極端大的話，家電產品就會壞掉。

於是電力公司預測「在一個隆冬般寒冷的日子裡，暖氣設備的用量將會增加」，並提高發電廠的輸出，藉此提高發電量來調整電壓與頻率。

發電廠發電的結構

電力不可預先存放〔圖1〕

由於不能事先囤積電力，所以發電量要合乎預測的耗電量。

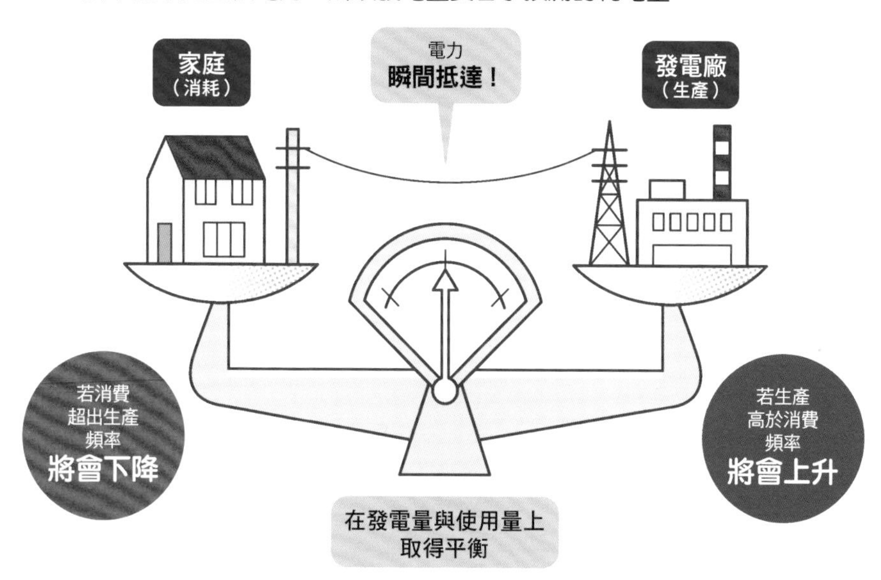

直流電與交流電〔圖2〕

電力有兩種：直流電（電流流向固定）跟交流電（正負電流頻繁變化流向）。

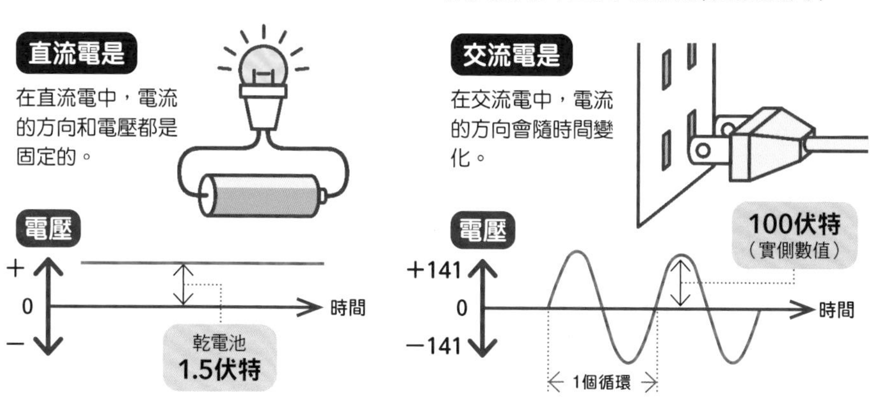

46 LED燈泡和普通燈泡之間有什麼不一樣？

原來如此！

燈泡受**熱**發光，
不過LED卻是因**電力互相撞擊而發光**。

LED燈泡用以發光的電力比白熾燈泡或日光燈還少，而且使用壽命更長，所以現已廣泛使用。物體自身發出光亮的行為稱為**「發光」**。LED燈泡跟普通燈泡（白熾燈泡）的差異，在於其發光的原理不同。

燈泡因「熱能」發光。打開電熱絲的開關，隨後鎳鉻絲因電流而變熱。剛開始是暗紅色，不過溫度上升後會發出明亮的紅光。類似這樣，在加熱金屬等物質時，只要超過一定的溫度，就會漸漸發出明亮的光芒。電燈泡便是因電流通過燈泡中名為鎢絲的金屬線而受熱發光〔圖1〕。

LED的正式名稱是**「發光二極體」**，是將被稱為**p型**、**n型**的兩種半導體黏合在一起所製成的產物。所謂的半導體，是一種會因條件而決定是否導電的固體物質。p型半導體導正電，n型半導體帶負電。

當LED開關開啟時，**正負電荷**會在p型跟n型半導體的交界上**互相撞擊，大多數的能量轉換成光並發出光芒**〔圖2〕。它不像燈泡那樣是因熱能發光。

LED是半導體的接合面在發光

▶燈泡的結構〔圖1〕

燈泡的鎳鉻絲在高溫下變熱，發出黃色至白色的光芒。

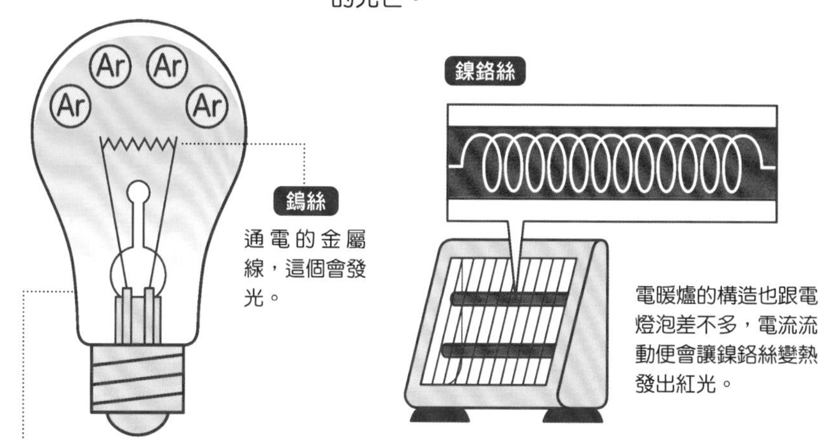

為了長期保存鎢絲，玻璃球中裝了氬（Ar）

▶LED燈泡的原理〔圖2〕

在p型跟n型的交界處（接合面），正負電力互相碰撞。這時產生的大部分能量使燈泡發光。

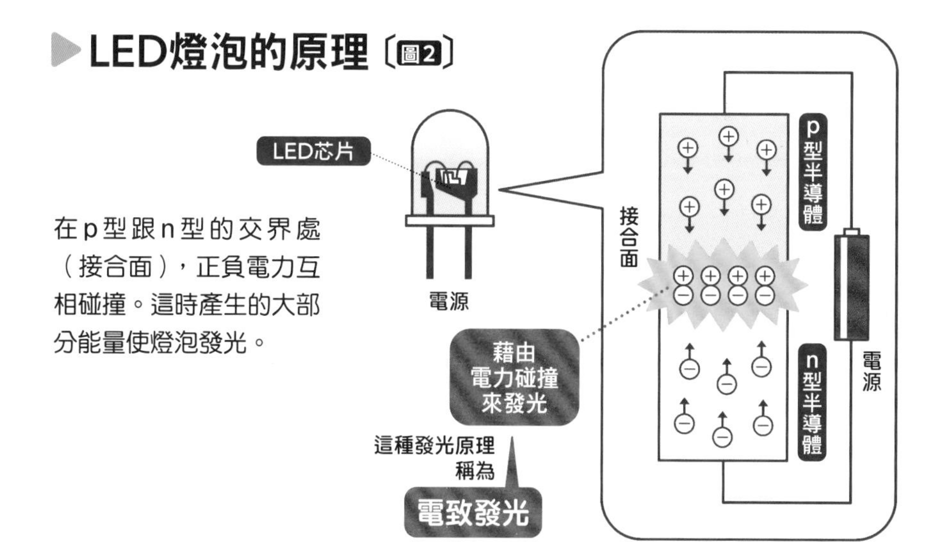

還想知道更多！
精選物理學
⑥

踩腳踏車發電一整天，可以把手機的電充滿100%嗎？

可以充電 or 不可充電

腳踏車上裝有一個用來點亮車燈的發電機（Dynamo）。用這個來節省智慧型手機的充電電費如何？可是，實際上會變成怎樣？努力發電一整天，就能獲得足以讓手機運轉的電力嗎？

腳踏車**發電機**以前是發電機接在前輪上轉動的類型比較普遍，不過最近將發電機內置於前輪車軸部分的類型有變多的趨勢。兩種類型都是運用**電磁感應**製成的，所以基本原理與發電廠的發電機一模一樣（➡P.136）。

騎腳踏車走一趟夜路就會知道，騎得愈快車燈就愈亮。也就是說，**快速踩踏腳踏車踏板可以釋放出更大的電流**。這種腳力發電甚至已經活用在手機的充電上，市面上也有在賣能接手機充電器的發電機。

腳踏車發電機的構造

腳踏車發電機透過輪胎的旋轉轉動線圈內側的磁鐵產生電流。

有一個實驗，是利用這個腳力發電機，挑戰將手機充飽電。不過花了30分鐘卻只將剩餘電池量提升到15%，最後因雙腳的疲勞而放棄。當時的腳力發電機必須每秒連續轉動1.5次以上才能得到充分的電力，沒辦法像腳踏車一樣藉慣性行駛，不踩腳踏車。這似乎是一個巨大的阻礙。

從上述實驗中可看出，理論上，若能不斷踩一整天的腳踏車的話，給手機充個電也是很輕鬆的一件事。所以正確答案是「可以充電」。然而在前述實驗中，連續踩30分鐘的腳踏車是充了15%的電。體力上人各有異，所以感覺應該很難實現。

47 馬達是什麼？為什麼通電後就能動？

透過磁鐵跟電磁鐵的「**相吸**」與「**相斥**」，轉動線圈產生旋轉力！

從玩具、家電到汽車或電車，我們身邊滿是有馬達的產品。馬達是為什麼、又是如何創造出動力的呢？

一般用於模型工作上的馬達，在兩個**永久磁鐵**間夾了一個線圈。線圈是指用漆包線等電線一圈圈纏繞起來的產物，只要通電就會變成電磁鐵。馬達**利用永久磁鐵和電磁鐵的相吸與相斥力**，使線圈旋轉，並產生動能。

馬達上有4個零件，分別是場磁鐵（兩個永久磁鐵）、線圈（電樞）、電刷和換向器。如果專注觀察裡頭換向器的運作，便能更了解馬達旋轉的原理。

首先，來自左側的電流通過電刷、換向器、再到流到線圈上，變成電磁鐵的線圈在右圖Ⓐ的部分（綠色）轉變為N極。這塊N極被場磁鐵的S極吸引，旋轉力由此產生〔右圖 ❶〕。

繼續保持**慣性**旋轉〔右圖 ❷〕接著在換向器與電刷接觸時，跟先前完全反方向的電流流向線圈〔右圖 ❸〕。線圈的Ⓐ部分變成S極，被場磁鐵的S極排斥，並受到N極吸引，再次開始旋轉。透過持續進行這個工序，馬達得以不斷運轉。

線圈在S極和N極間交替變化

馬達的構造

馬達把線圈當作電磁鐵，將它N極或S極化，進而產生與永久磁鐵之間的相吸相斥力，促使旋轉力自此而生。

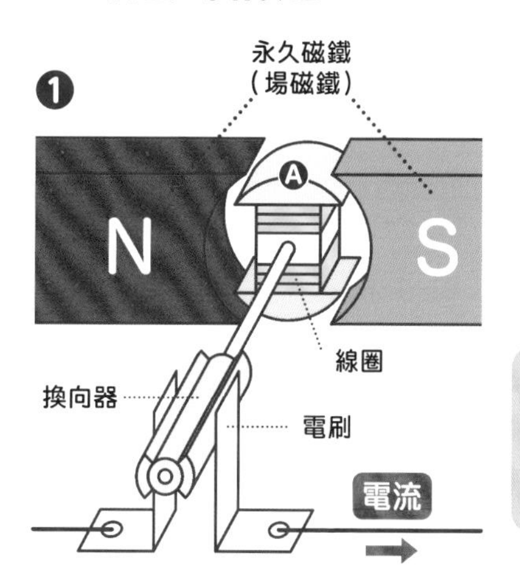

電流從電刷到換向器，再往線圈流通，讓線圈變成電磁鐵。Ⓐ的部分成為N極，被永久磁鐵的S極吸引而旋轉。

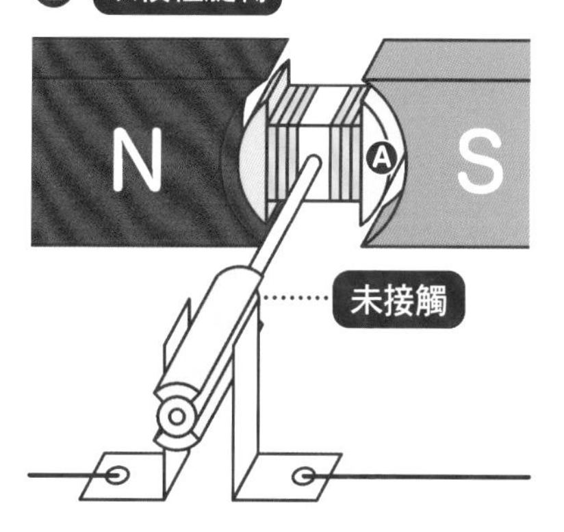

由於換向器通電的部分沒有接觸到電刷，因此電流不會流入線圈，不過線圈仍繼續因慣性旋轉。

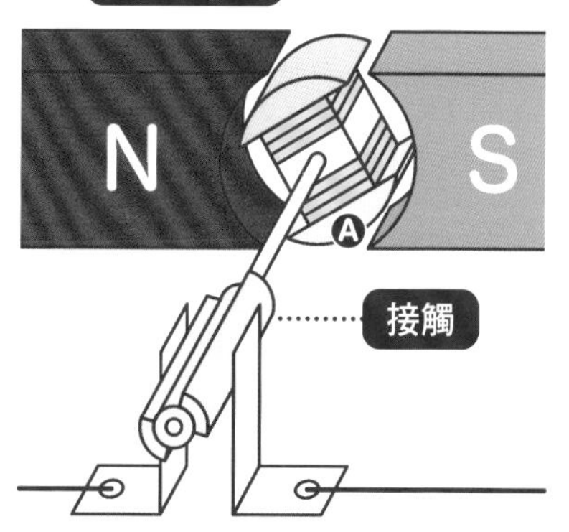

Ⓐ換向器與電刷接觸，與❶相反的電流流淌在線圈中。A成為S極，受到永久磁鐵S極的排斥而產生旋轉力。

48 磁鐵為什麼會把鐵吸得緊緊的？

因為鐵的裡面有**磁分子**，在接近磁鐵時，**磁分子會整齊排列**，變成磁鐵！

緊緊吸住鐵的**「磁鐵」**。雖然廣泛應用在各個領域廣泛上，不過其原理到底是什麼呢？

磁鐵的一頭是N極，另一頭是S極。將一塊磁鐵棒切成兩半，這半塊半塊的磁鐵會各自出現N極和S極，變成兩塊磁鐵。再切細一點，甚至最後小到分子跟原子的尺寸，這些碎片也都個個具備磁鐵的特質〔圖1〕。換言之，**磁鐵內部有無數的小磁鐵**，每一個都擁有磁鐵的性質，我們稱其為**磁分子**（或名**磁原子**）。

好，磁鐵是由鐵製成的。雖說就算同樣屬鐵，鐵釘也不是磁鐵，但其實鐵釘中也存在著無數的磁分子。鐵釘裡的磁分子的方向各不相同，它們的磁力互相抵消掉，所以鐵釘無法成為磁鐵。

當磁鐵棒接近鐵釘時，鐵釘裡的磁分子會有所反應，**一起轉向同一個方向排列**，發揮出身為一塊磁鐵的特質〔圖2〕。磁鐵棒的N極靠近釘子頭時，釘子頭會變成S極；S極靠近釘子頭時，釘子頭接近N極，兩者相吸。這麼一來，磁鐵就能把鐵吸住。

鐵有無數磁分子

將磁鐵棒切細後……〔圖1〕

細細切分磁鐵棒，切成幾塊就有幾塊磁鐵。因為磁鐵中有無數的小磁鐵。

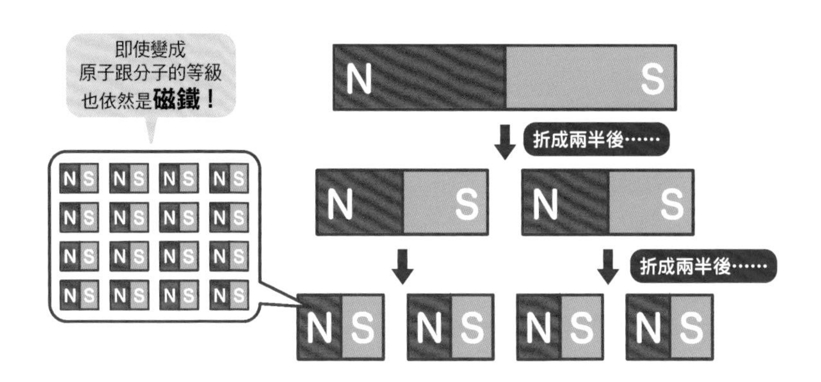

鐵釘中磁分子的排列方向〔圖2〕

磁鐵離開時，鐵釘中的磁分子四散各處；不過只要磁鐵一靠近，磁分子的方向便會一致，讓鐵釘也變成磁鐵。

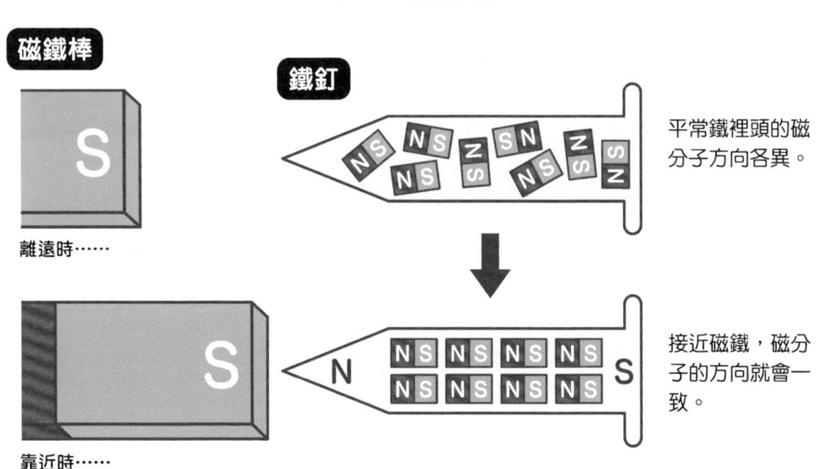

Q 指北針的N極在北極會指向哪裡？

向上 or 向下 or 轉來轉去

其實地球是一塊以北極為S極，南極為N極的巨大磁鐵。所以指北針的原理是讓N極針被S極（北極）吸引，藉此得知北方的方向。如果是這樣，那要是把指北針帶到北極去，N極針將指向哪方呢？

身為一個巨大磁鐵的地球，周遭環繞著從**地磁南極**到**地磁北極**的**磁力線**（右圖）。指北針或指南針能順著這些磁力線指向南北。在赤道附近的磁力線幾乎呈現水平狀（右圖A），愈往北就愈往下延伸（右圖B）。

這個角度稱為傾角。在東京附近大概是49度。再更往北移動的

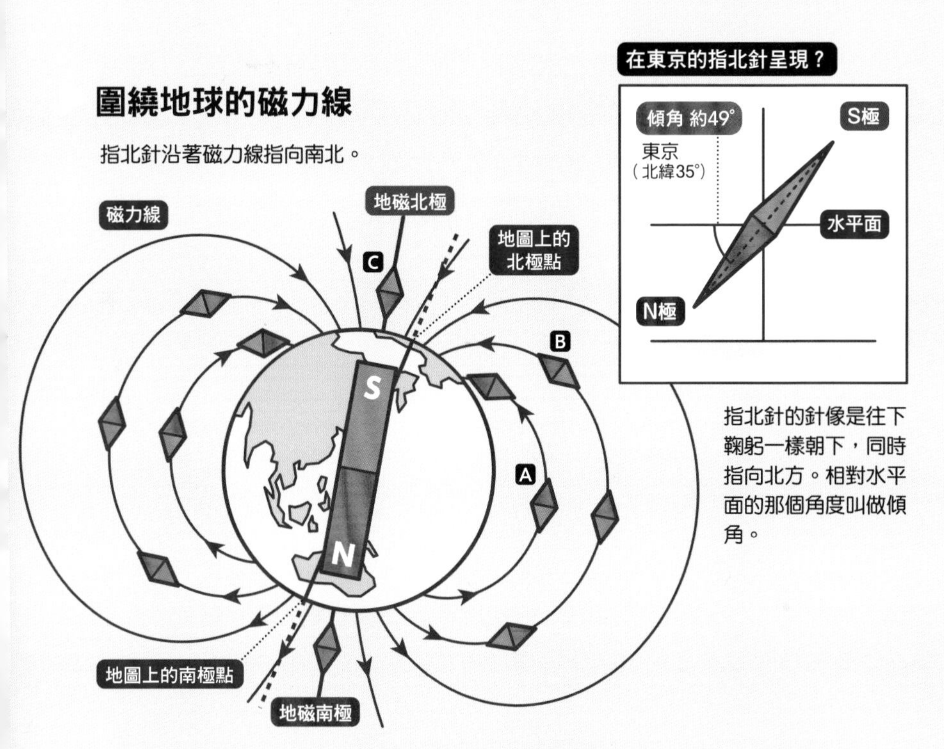

話，傾角就會愈來愈大，**位在地球北極時會朝向正下方**（上圖C）。

實際上，地圖上的北極跟地球作為磁鐵時的S極位置不同。地圖上的北極是地球自轉時軸心與地面交會的地方，緯度在北緯90度處。

地球的S極名叫地磁北極，跟地理上的北極位置稍微有些落差。而且這個位置每年都會一點一滴地移動。2019年地磁北極的緯度是北緯86.4度，比地圖上的北極偏南3.6度。

換句話說，由於地圖上的北極跟地磁北極有些許偏差，所以N極針雖然會朝向正下方，但它也會指向地磁北極的位置。

因此，指北針「向下」是這個問題的正確解答。

49 發電廠是怎麼發電的？

原來如此！

跟馬達原理完全相反的創意。
用**線圈的旋轉**創造電流！

電力在火力發電廠、水力發電廠、核能發電廠等地方發電。那裡正在運用**「發電機」**製造電力。

發電機的構造跟馬達很像（➡P.130）。馬達藉著電流經過使線圈旋轉，發電機則是反過來**透過線圈旋轉來發電**。如圖1所示，組成零件與馬達極為相似的發電機，可透過旋轉（圖1是手動式）從而產生電流。

任何發電廠都是依靠火力、水力等力量促使發電機旋轉發電。

舉例來說，火力發電廠會用煤炭跟石油將水加熱到沸騰，**仰賴蒸汽的力量使渦輪旋轉**，這個旋轉力傳到發電機（類似馬達的東西）上產生電力〔圖2〕。

核能發電廠則是核分裂鈾，用過程中產生的熱能使水沸騰，讓渦輪跟火力發電時一樣旋轉發電。

火力、核能以外的能源稱為自然能源，如今運用這些自然能源的發電設備也在逐漸增加。地熱發電取自岩漿熱度所產生的蒸汽；生質能發電則是用木屑、廢油等物品當燃料的火力發電。

轉動渦輪（≒發電機）來發電

發電機的結構〔圖1〕

手動轉馬達，藉此得以製造電力。

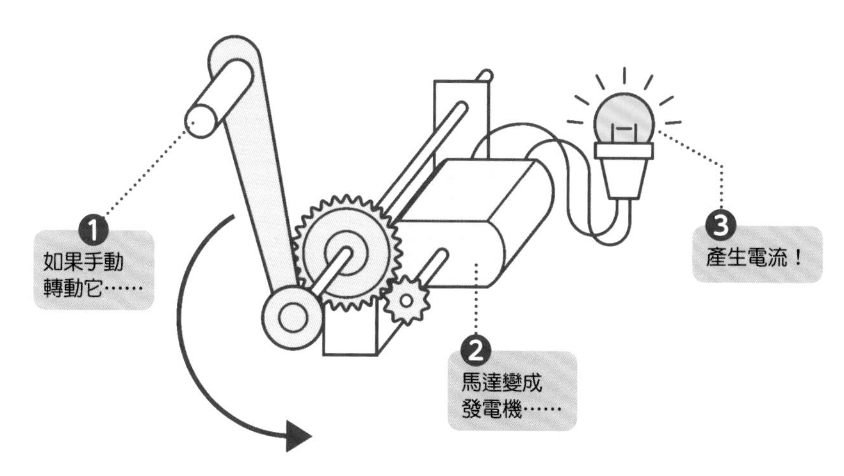

火力發電的原理〔圖2〕

火力發電廠燃燒煤炭和石油，水沸騰後產生的蒸汽使渦輪旋轉發電。

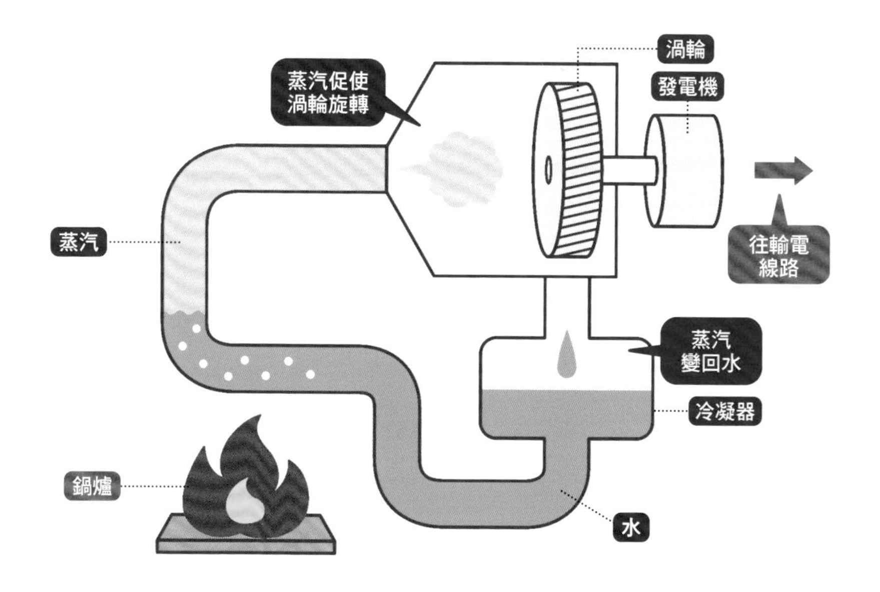

50 為什麼汽車加了汽油就會動？

原來如此！

活塞藉著**混合氣體的膨脹**而活動，
將**往復運動**轉換成**迴轉運動**，車就會動！

雖說電動車現在也已經實用化了，但目前汽車的主要動力還是汽油引擎。它的原理是什麼？

汽油原本就是**燃點低且揮發性高的液體**，換言之即爆炸性的易燃液體。同時**燃燒這種液體及混雜空氣的混合氣體**，使之成為引擎的動力。

汽車上搭載的汽油引擎是在氣缸內部燃燒混合氣體，並將這股能量作為動力，所以被稱作**內燃機**。四輪驅動車的汽油引擎由**「❶進氣、❷壓縮、❸動力、❹排氣」**共四個階段行程〔右圖〕組成。因為是以四個行程構成，所以稱為四行程循環引擎。

右圖所示的一系列活塞**往復運動**中，從活塞連桿（連桿）傳到曲軸後改成**迴轉運動**。這個迴轉運動透過齒輪傳到車軸上，於是輪胎開始旋轉。這麼一來，汽油引擎的汽車便起步了。順便一提，電動汽車概括來說是將動力從汽油引擎改成電動馬達的產物。

燃燒使曲軸旋轉

汽油引擎的原理

汽油引擎以「❶進氣、❷壓縮、❸動力、❹排氣」這四個行程，促使曲軸旋轉。

❶ **進氣** 打開進氣閥，讓汽油跟空氣進入氣缸裡。

❷ **壓縮** 曲軸旋轉，同時位於活塞連桿前端的活塞也隨之壓縮混合氣體。

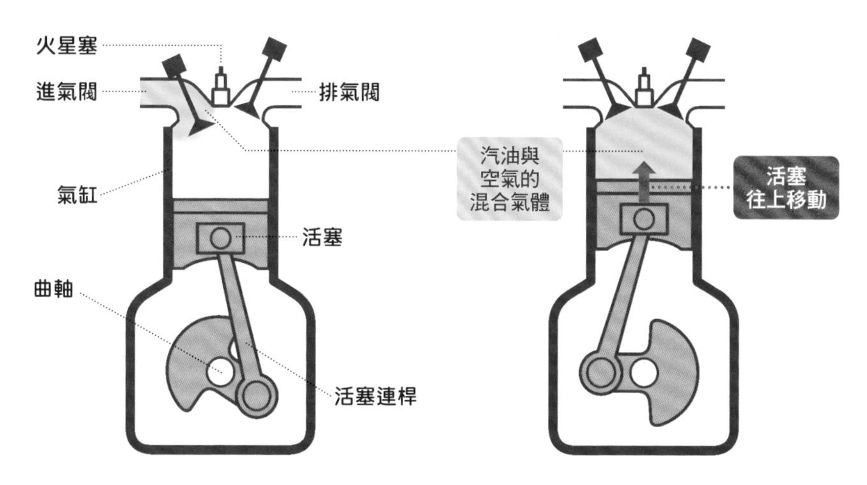

❸ **動力** 用火星塞幫混合氣體點火，氣體一口氣膨脹開來，其壓力使活塞下降。

❹ **排氣** 打開排氣閥，排除燃燒完的氣體，回到行程❶。

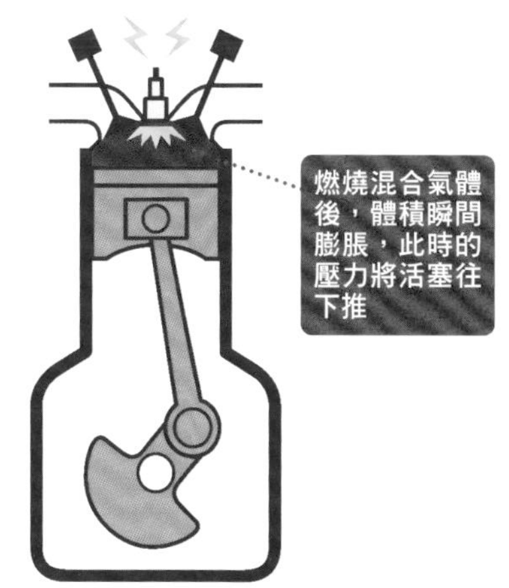

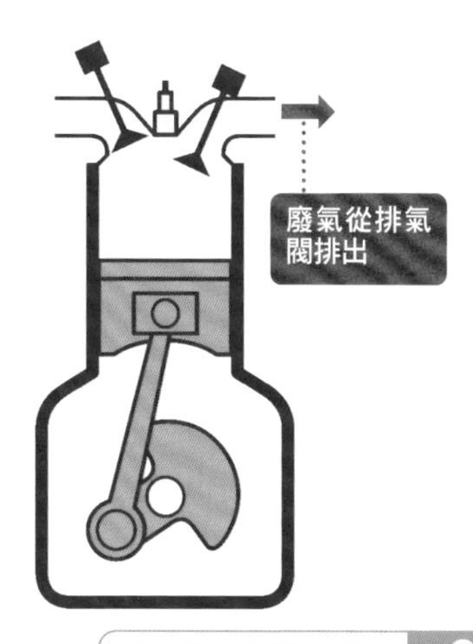

假想科學特輯 7

永動的機器有可能做

用球的力量旋轉的車輪

是否能藉由隨車輪轉動掉下來的球的重量，讓車輪永遠旋轉下去？

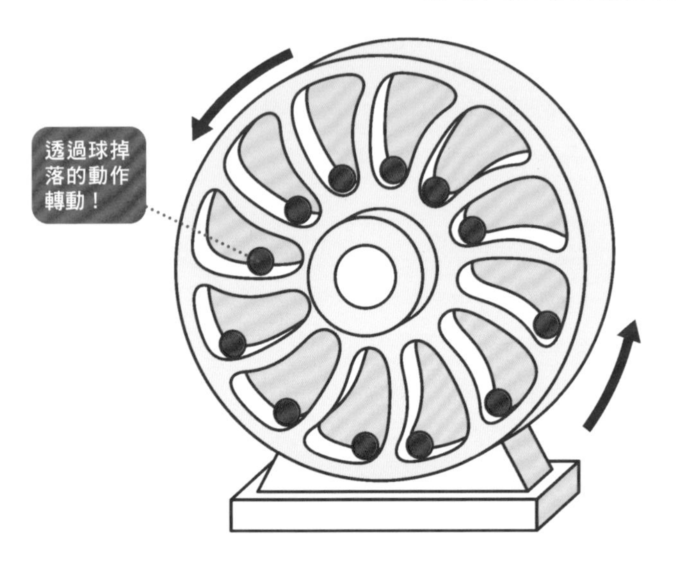

「永遠運作的機器」是一種**不需外在力量幫助也能持續運作的裝置**，因此被稱為**永動機**。如果可以讓不用額外添加能量也能不斷運作的機器成為現實，能源問題就能得到解決。我們以兩個想法為基礎，來衡量一下是否可行。

上圖是**靠球的力量持續轉動的輪子**。只要最初推一下輪子，輪子左半邊的球就會掉下來，創造轉動輪子的力量。因為球會依序落下，所以輪子可以永遠轉動下去。

右圖是**磁鐵與鐵球的溜滑梯**。強力磁鐵吸附鐵球，促使鐵球爬上斜坡，鐵球在即將貼上磁鐵時從洞穴掉到另一條彎曲的斜面上，再滾落原處。然後從斜坡下的洞穴露出來，再度被磁鐵吸住攀上滑梯……反覆進行這個動作。

得出來嗎？

磁鐵與鐵球的溜滑梯 被磁鐵吸引的鐵球掉進洞穴後，是不是重新回到溜滑梯上，反覆爬上滑梯呢？

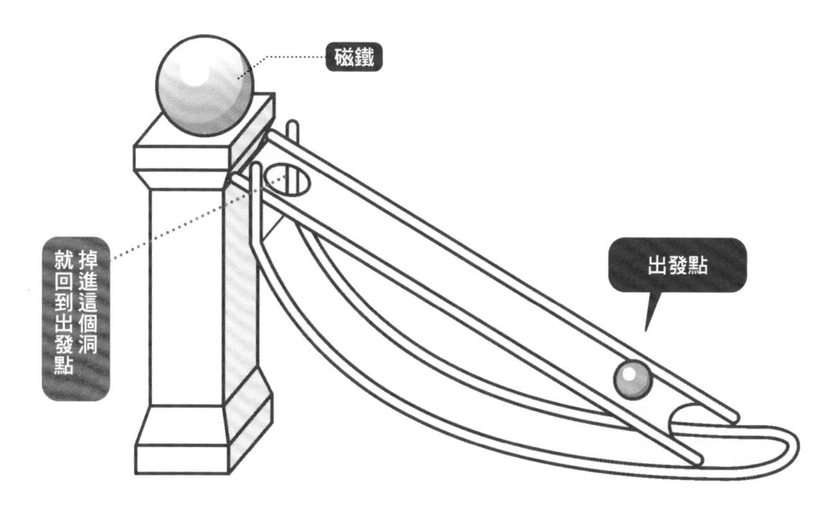

觀察這些裝置是否能永久移動，會發現前者因輪子與車軸間的摩擦而逐漸失去旋轉能量，讓輪子停止轉動。後者則是只要有一顆能把鐵球從滑梯下吸上來的磁鐵，那麼鐵球掉進磁鐵前的洞穴時也不會落下，而是被磁鐵吸住不能動。雖然只要調整磁力強弱就能實現原先的設想，但這顆磁鐵若不是電磁鐵就做不到。

從結論來講，**物理學定律不允許永動機的實現**。尤其輪子實驗雖然很可惜，但這種永動機在原理上是不可能的，因為19世紀建立的熱力學定律已清楚表明這個結果。畢竟任何機器都必然會因為摩擦而損失一部分的能量。

51 體溫計是怎樣測量體溫的？

原來如此！

熟悉的水銀溫度計是透過**熱脹冷縮**測溫，
電子溫度計則是以**感測器**預測體溫！

體溫計是怎樣測量體溫的呢？讓我們來了解一下自古以來都在用的水銀溫度計和電子溫度計各自的原理吧。

物質在**溫度上升時會膨脹，也就是體積增加**（➡P.62）。有時在酷熱的日子裡，鐵軌會彎曲而使電車無法行駛，這也是**熱脹冷縮**的一個例子。隨著溫度的提高，水銀的體積也會有規律地增加，這種現象被水銀溫度計運用得淋漓盡致。

將水銀溫度計放在腋下測量體溫時，水銀會徐徐上升，連續測量幾分鐘後水銀便會停止上升。這個溫度是正確的體溫，人稱**「平衡溫」**。水銀溫度計中，在積放水銀的地方和顯示體溫的玻璃管之間有一個細細收束起來的部分，叫做**「留點」**。穿過留點的水銀**因為強大的表面張力而無法恢復原狀**，因此曾經上升過的水銀都不會下降〔圖1〕。

另一方面，電子溫度計用熱敏電阻來測量體溫，這個零件會依溫度變化而改變**電阻**。將電子溫度計夾在腋窩後，**熱敏電阻**探測到皮膚溫度後會產生電阻變化。大部分的電子體溫計會以這個數值為本，**透過內置的微型電腦預測正確體溫**，所以顯示體溫的速度會比水銀溫度計更快〔圖2〕。

水銀跟電子溫度計的「原理」不同

水銀溫度計的原理〔圖1〕

水銀溫度計根據水銀的體積膨脹來測量體溫。

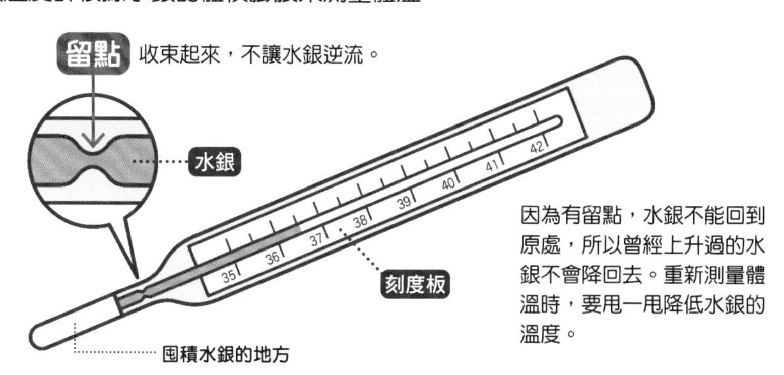

電子溫度計的原理〔圖2〕

熱敏電阻是會因溫度變化而改變電阻的電子零件。電子溫度計中有溫度上升模式在達到平衡溫以前的數據，它將藉此預測出最終的體溫結果。

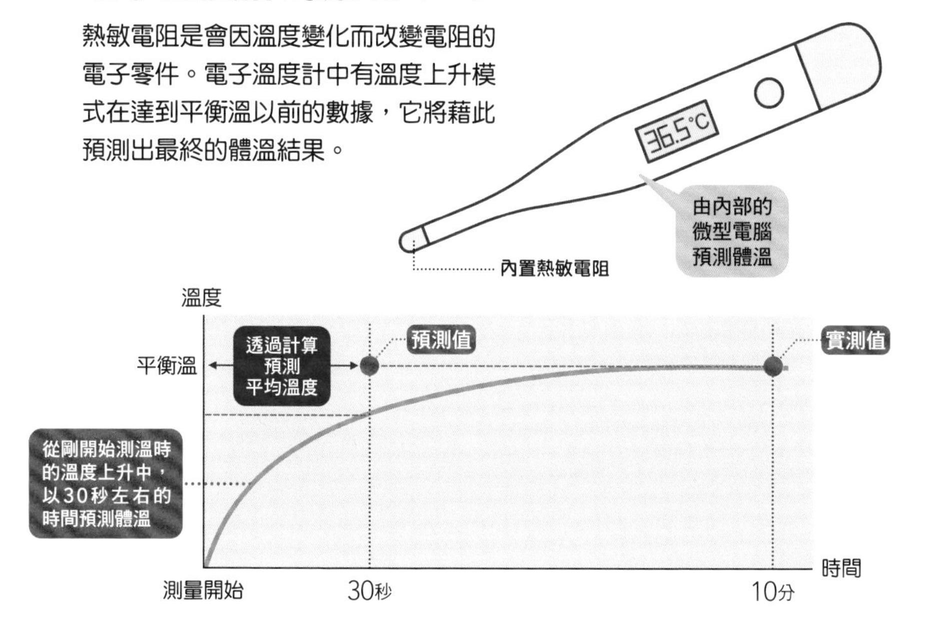

52 冰箱使物體降溫的原理是什麼？

原來如此！

運用「**氣化**」現象，
從冰箱內的**空氣吸收熱量**！

打針時會用酒精擦拭皮膚消毒，這時會覺得涼涼的，對吧？這是酒精**氣化（蒸發）時吸收皮膚熱量所引起的現象**〔圖1〕。液體在氣化時需要很多的熱量，所以酒精才會從皮膚上吸熱。

冰箱就是透過這個原理來降低溫度的。不過它不是用酒精，而是使用一種叫做**「異丁烷」**的氣體。異丁烷一種會因溫度和壓力轉換成氣體或液體的物質。

冰箱內外都圍上了管子，這些管子裡頭裝了異丁烷。冷卻冰箱時，會讓液體的異丁烷氣化。此時就像酒精吸收皮膚熱能一樣，異丁烷也在**吸收冰箱內部空氣的熱量**。

變成氣體後的異丁烷通過的管子在冰箱外面，並接上一台壓縮機（壓縮氣體的裝置）。送到這裡來的異丁烷會被壓縮變成液體。這個時候，從冰箱內部空氣吸收的熱能會往接觸管道的周遭空氣中逸散。變成液體的異丁烷重新回到冰箱內，藉由不斷重複這個循環使冰箱降溫〔圖2〕。

氣化現象會奪走冰箱裡的熱能

生活周遭的氣化實例〔圖1〕

酒精氣化時會吸收皮膚的熱量，所以才會感覺涼涼的。

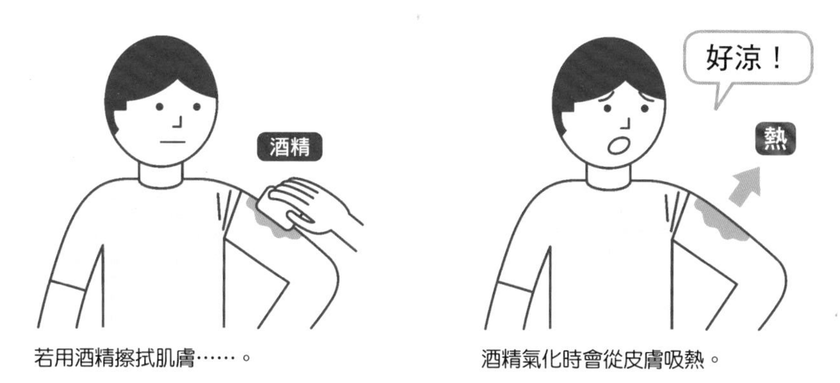

若用酒精擦拭肌膚……。　　酒精氣化時會從皮膚吸熱。

冰箱的基本原理〔圖2〕

冰箱內外圍繞的管道裡放了一種名為異丁烷的氣體。在這種氣體變成液體、再變回氣體的運作下，冰箱內的熱能會被轉移到外面去。類似異丁烷這種作用的物質稱為冷媒。

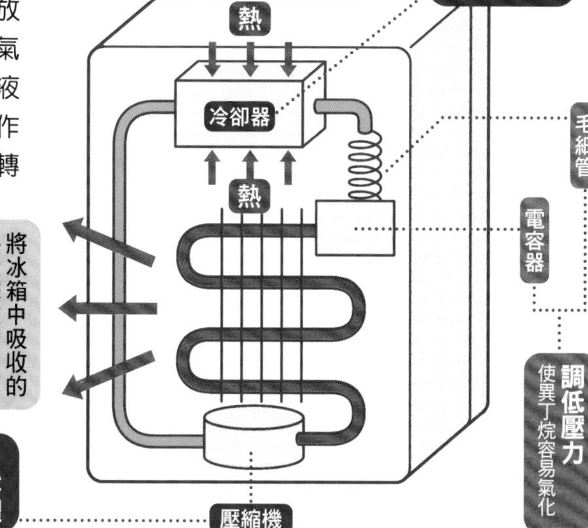

物體可不可以冷卻到-1000℃？

可以 or 不可以 or 還能更冷！

用火點蠟燭時，最熱的地方甚至會來到1,400℃左右。還有更多更熱的事物。說到這，冷的東西又能冷到什麼程度？可以冷到-1,000℃上下嗎？

不只蠟燭火焰而已，超過1,000℃的東西多如繁星。煉鐵廠鎔爐內部約為1,600℃，聽說引擎氣缸內的溫度最高可超過2,000℃。到了宇宙，太陽表面溫度約在6,000℃，中心則有1,500萬℃之高。

溫度**顯示出原子振動的大小**。振動愈小溫度愈低，振動愈劇烈溫度愈高。原子的振動頻率沒有極限，所以**理論上溫度沒有上限**。

另一方面，**溫度愈低，原子的振動就愈小，最後終會完全停止**。-273.15℃這個溫度被稱為**絕對零度**（不過量子力學（➡**P.208**）認為，即使在絕對零度，原子也不會停止振動）。

變成絕對零度以後，宇宙的一切事物都會停止運動，因此這個世界上沒有低於-273.15℃的低溫，將事物冷卻到-1,000℃可說是不可能的事。

所以正確解答是──事物「不可以」冷卻到低於絕對零度以下。

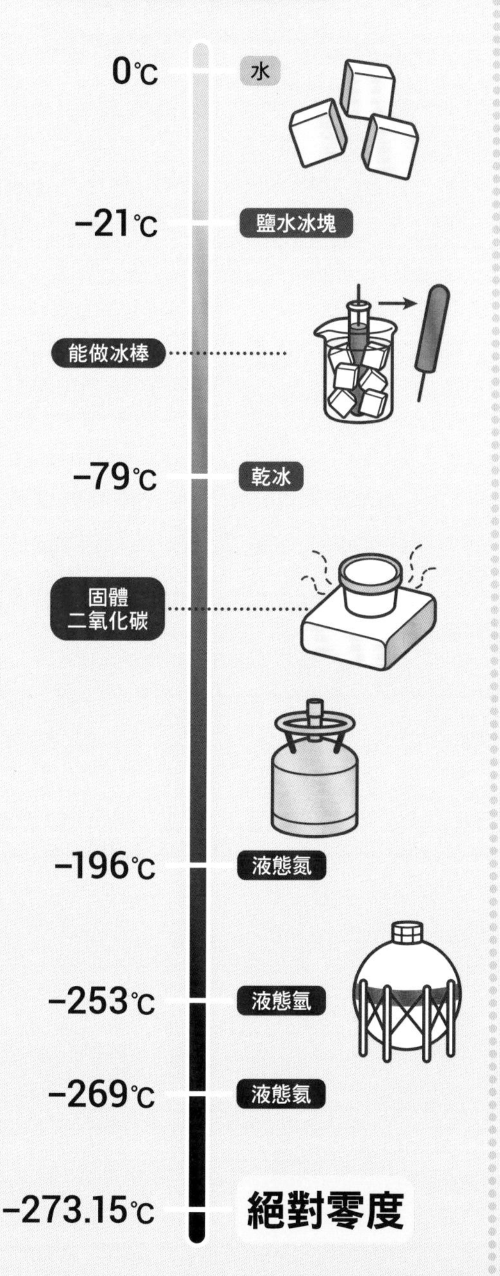

53 為什麼低氣壓就等於天氣差？

原來如此！ 因為低氣壓中心**容易生成雲**，也比較容易下雨！

高氣壓是好天氣，低氣壓是壞天氣……為什麼氣壓的高低能決定天氣好壞呢？

表示氣壓的單位是**百帕**（hPa）。低氣壓雖然是氣壓，但跟它有幾百帕無關，單純是指那塊區域的氣壓比周圍還低。反之，高氣壓是氣壓比周圍高的區塊。

愈往低氣壓的中心，氣壓就愈低。一旦出現**上升氣流**，則之後將出現空氣稀薄（氣壓低）的區域，使周圍空氣較濃的地方（氣壓高）的風吹進低氣壓中心，因此導致整體氣壓漸漸下降〔圖1〕。

空氣依靠溫度來決定其最大含水量**（飽和水蒸氣量）**。比如說，1m^3（立方公尺）的空氣在15℃的溫度下可含有12.8公克的水蒸氣；但當溫度降到5℃時，就只能包含6.8公克的水蒸氣而已〔圖2〕。空氣上升後，愈往上，溫度也會隨之降低，到某個高度的時候，無法溶入空氣中的多餘水蒸氣將會變成小水滴或冰粒。這麼一來便形成了雲（➡**P.70**）。

在低氣壓中心的附近，很容易像這樣從上升氣流形成雲層，因此天氣會變差，也比較容易降雨。

氣溫下降就會出現水滴

在低氣壓下生成雲的原理〔圖1〕

因為低氣壓會出現上升氣流，所以風從周圍吹進中心，形成雲層。

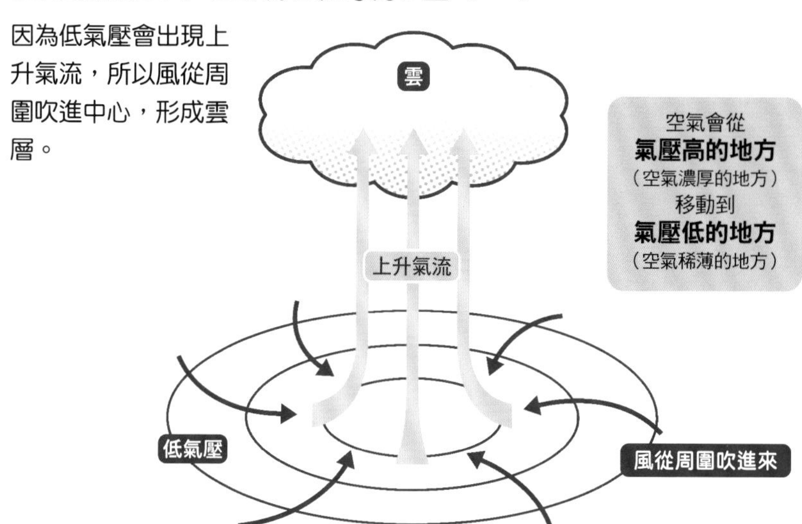

飽和水蒸氣跟雲的關係〔圖2〕

如果空氣上升且溫度下降，空氣中多餘的水蒸氣就會變成小水滴或冰粒。這些飄浮在空氣中的水氣會成為雲。

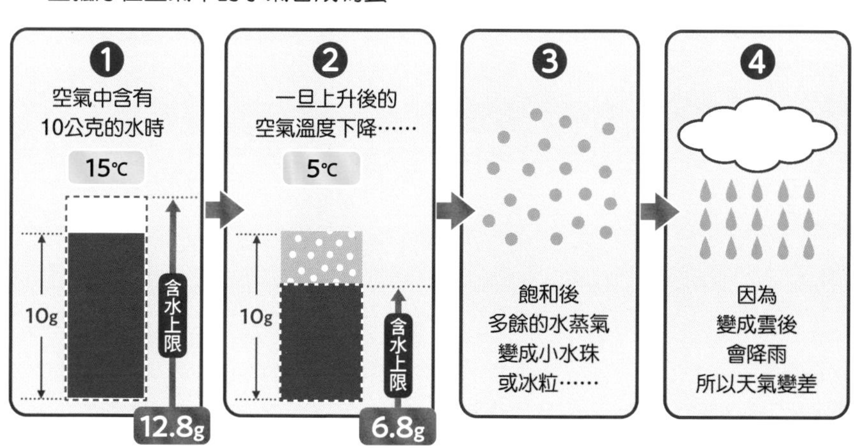

54 颱風是什麼？跟普通的低氣壓有何不同？

原來如此!

在熱帶生成的**熱帶低氣壓**，
只要**風速**超過**17.2公尺**就是颱風！

根據日本氣象廳的說法，颱風的定義是：「位於西北太平洋（赤道以北，東經180度以西的區域）或南海上，而且低氣壓區域內最大風速（10分鐘內平均）約為每秒17公尺（34節，風力8）以上」。

所以，要說颱風是什麼，其實只要大致知道它是一個**「巨大的熱帶低氣壓」**就可以了（➡P.148）。

熱帶低氣壓是指在**熱帶生成的低氣壓**。在熱帶炙熱的海上，含有大量水蒸氣的熱空氣從海上往高空攀升。因為這種空氣比較輕，所以會產生上升氣流，其後在空氣較稀薄的地方便會出現低氣壓。

周圍的風將會捲起漩渦並吹進這個低氣壓的中心。而且這些風也同樣會在低氣壓中心的附近變成富含水氣的上升氣流。這就是熱帶低氣壓發展的原理。積雨雲從中而生，形成一個巨大的雲狀漩渦〔圖1〕。

颱風前進方向的右側跟左側的風力強度有所差異。在颱風右側（東側），吹向中心的風會與颱風前進的動力合流，使風勢變強。與之相反，颱風左側（西側）則是吹進來的風跟颱風前進動力互相抵消，所以風力比東側還弱〔圖2〕。

颱風的原形是熱帶低氣壓

▶熱帶低氣壓的產生〔圖1〕

颱風最初是在赤道北方的海上形成熱帶低氣壓。

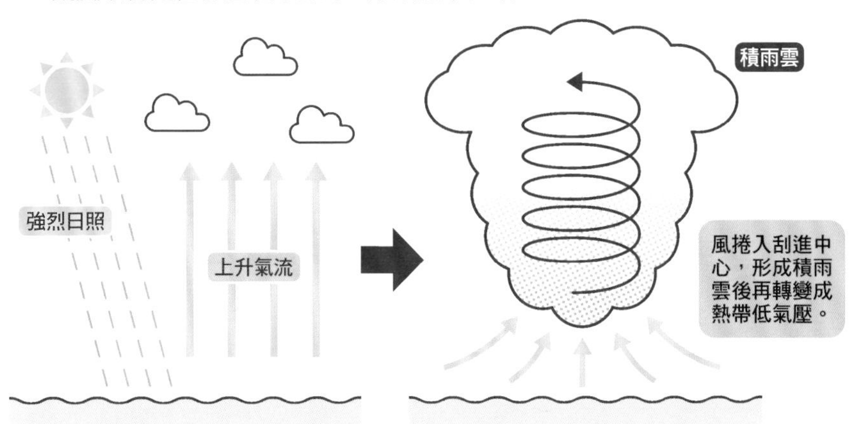

赤道上的烈日照在海上，使附近空氣變暖，空氣往稀薄的地方流動，形成上升氣流。

周圍的風刮進空氣變稀薄的地方。

▶颱風左右側的風速不同〔圖2〕

颱風前行方向的右側，風力會比左側來得強。因為在右側，颱風前進的動力會與刮進中心的風速結合。

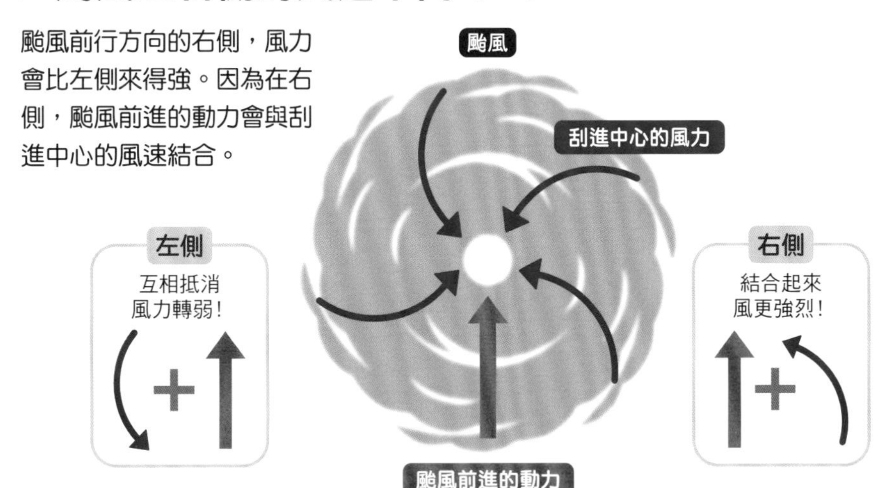

因軼事大放異彩的科學之父

伽利略・伽利萊

（1564－1642）

強烈主張「地動說」，認為是地球及其他行星繞著太陽轉的伽利略。雖然他有很多物理學上的新發現，不過與這些新發現有關的軼事卻稍稍有些與事實不符的地方。

譬如，在本書P.72中介紹的「自由落體定律」。據說伽利略是在比薩斜塔上扔下鐵球的，但那是後世創作的故事，實際上他是用傾斜的軌道觀察鐵球運動才發現這個定律。

另外，若是鐘擺的擺動週期（來回所需的時間）與鐘擺的（繩子）長度相同，那麼它就與鐘擺的重量或擺動幅度無關——這個名為「單擺的等時性」的理論，傳言是伽利略在大教堂看見搖晃的吊燈後發現的，不過這也是後代捏造的軼事。因為伽利略的發現很偉大，所以或許謠言是在口耳相傳中被加油添醋了也說不定。

順便一提，「地動說」與當時基督教的想法背道而馳，所以伽利率曾經被判有罪。然而，這個錯誤的審判直到他去世350年後才被正式被承認。

1992年，羅馬教皇聖若望保祿二世向伽利略謝罪一事成為當時的重磅新聞。這倒是童叟無欺的實話。

第3章

物理與
最新科技的關係

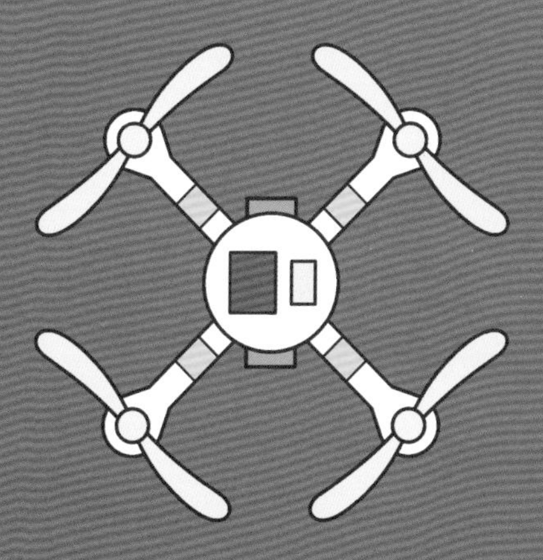

GPS、磁浮列車、無人機……
這些五花八門的最新科技中，
也都活用到了物理的結構。
現在開始我們不僅談物理，
還會稍微接觸到科學的話題，
同時了解一下最新技術跟物理的關係！

55 GPS的原理：為什麼可以定位？

找出**3顆GPS衛星與接收器**的距離，藉以了解自己（接受器）的位置！

利用人造衛星查看自己在地球的哪裡，這種方式叫做**衛星定位系統**。**GPS**（Global Positioning System）是美國研發的衛星定位系統，起初雖用於軍事用途，但後來也對民間開放，隨後汽車、飛機之流就變成非得知道自身位置不可的東西了。

在高度約20,000公里的**6個軌道上，分別設置4顆GPS衛星**，包括備用衛星在內，約有30顆衛星在繞著地球旋轉〔圖1〕。

為了知道自己的位置所在，至少必須接收到4顆衛星的電波，而GPS就做成讓人不管在地球上的任何地方都能接收4處以上的衛星電波。

在制定三角錐底面三角形的形狀時，**如果知道底面以外的3條邊的長度，第4個頂點的位置自然就確定了**。運用這個原理，通過接收器（車、智慧型手機等）接收從3顆GPS衛星上發出的電波。測量接收電波所需的時間，以求得接收器和衛星的距離，算出接收器的所在位置〔圖2〕。

原則上，通過3顆衛星就能知道自己的位置，但要藉接收4顆衛星傳來的電波進行各種修正，以推斷出正確的位置。

30顆GPS衛星繞行地球

繞著地球飛的GPS衛星〔圖1〕

6條軌道上分別部署4顆GPS衛星，總計24顆。加上備用的衛星，共有30顆衛星在繞行地球。

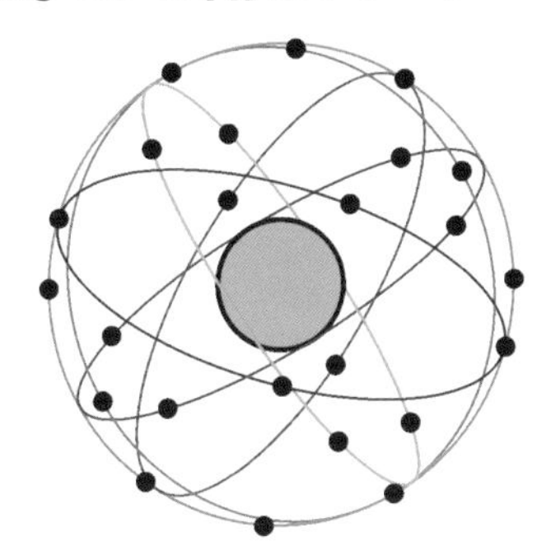

無論在地球上的哪個地方，都至少要能接收到4顆衛星的電波──衛星是以這個原則飛行的。

GPS的構成〔圖2〕

原理上，可從目標跟3顆衛星的距離來推斷目標位置。

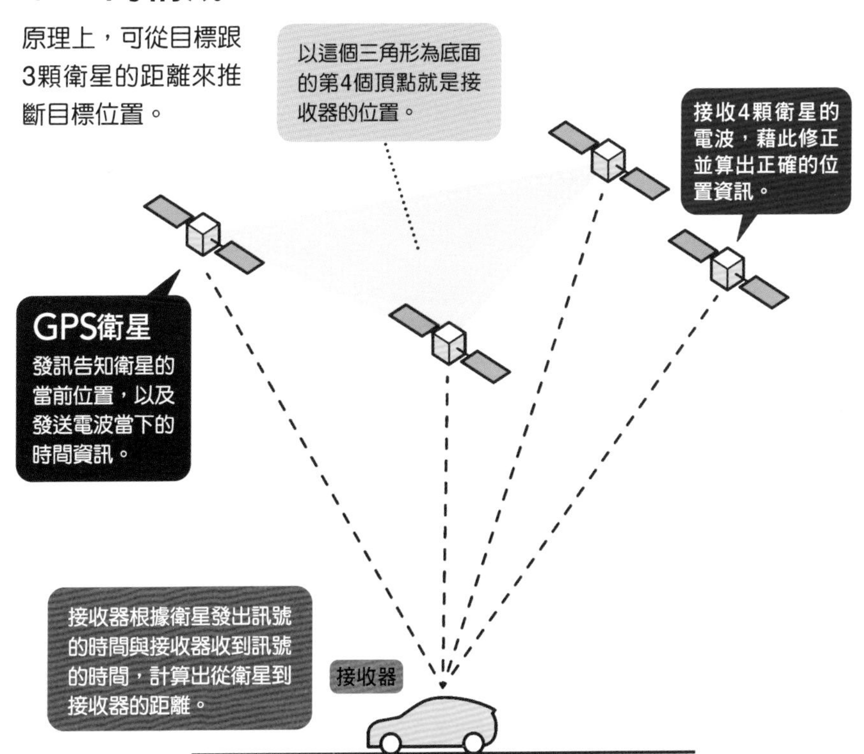

56 超越昴星團望遠鏡？超高性能望遠鏡的研發

昴星團望遠鏡和**哈伯太空望遠鏡**的
後繼機種目前正在研發中！

宇宙什麼時候形成？又是怎樣形成的？找得到生物能居住的行星嗎？要回答這些問題，就必須得有一座比昴星團望遠鏡或哈伯太空望遠鏡性能更好的望遠鏡。

於是人們展開**下一代超高性能望遠鏡**的研發工作。日本與美國、加拿大、中國和印度共同合作規劃一座名為**TMT**的望遠鏡。TMT是英語的Thirty Meter Telescope的縮寫，代表**「30公尺望遠鏡」**的意思。

望遠鏡的性能好壞，要看它聚集星光的鏡面（主鏡）的直徑。主鏡愈大愈清晰，甚至還能觀測到遠處昏暗的星體〔**圖1**〕。昴星團主鏡的直徑是8.2公尺，TMT為30公尺，直徑接近4倍，匯集到的光也變成原來的13倍。而且用的還是新技術，所以聽說TMT的性能差不多是能在地球上觀測到月面上發著光的一隻螢火蟲的程度。

在美國則有哈伯太空望遠鏡後續機種的計畫，名字是**詹姆斯韋伯太空望遠鏡（JWST）**，它不像哈伯望遠鏡一樣位於繞行地球的軌道上，而是設置在背對太陽的太空中。哈伯望遠鏡的主鏡是2.4公尺，JWST則約6.5公尺，因此預計它有著不得了的高性能。

主鏡的大小決定其性能

主鏡大，性能更好〔圖1〕

對望遠鏡來說，主鏡愈大，聚光量就愈大，也就能找出那些遠方潛藏的昏暗星星。

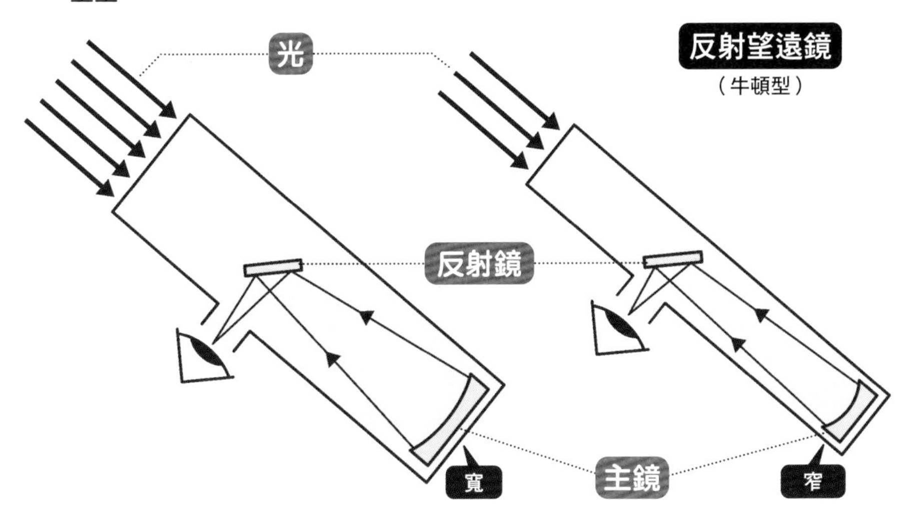

下一代超高性能望遠鏡〔圖2〕

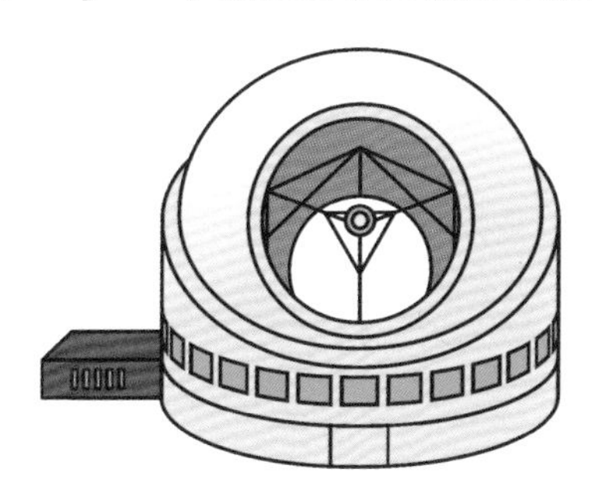

TMT預計建在夏威夷毛納基山的山頂上。主鏡尺寸30公尺，差不多是昴星團望遠鏡的4倍。

詹姆斯韋伯太空望遠鏡是哈伯太空望遠鏡的後繼機種，主鏡大小6.5公尺，約為後者的3倍。

假想科學特輯 8

如果太陽突然消失，

地球被太陽拉著公轉

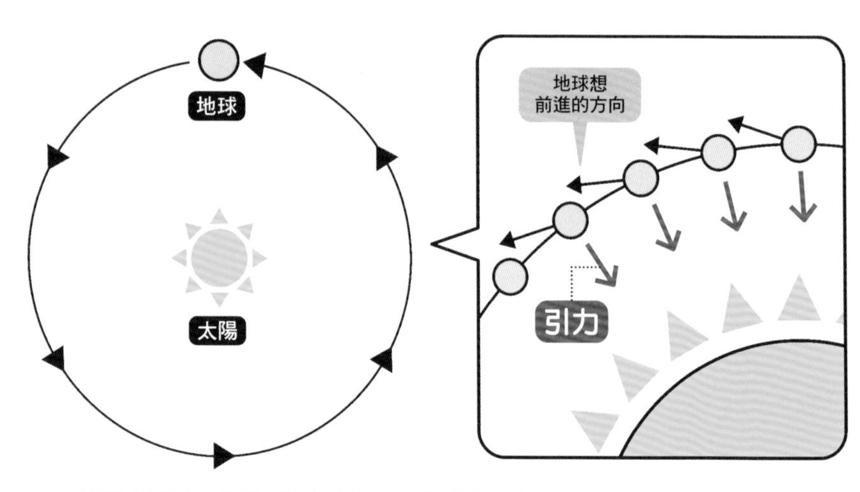

地球試圖直行，卻被太陽的引力吸引而繞著太陽轉。

如果太陽突然消失，地球會變成什麼樣子？當然，**驚人的酷寒即將到來**。在豈止於冰河時期的寒冷下，人類恐怕是活不下去。而且，比起人類，地球會變成什麼樣子更讓人感興趣。就讓我們以物理學的角度來思考這個問題吧。地球原本應該會以每秒30公里的速度直行穿越太空，但卻被太陽的引力抓住套牢。由於這股力量的相互作用，地球既不會遠離太陽，也不會掉下來，而是圍著太陽**繞圈（公轉）**。

太陽消失的瞬間，**地球會順著圓形軌道的正切線飛行**。以擲鏈球做為比喻，如果把手想成太陽，鐵球當作地球，是不是就能想像它飛行的樣子了呢？**地球會往太陽消失前一秒時所朝向的方向，以大約每秒30公里的速度直直前進**。

另外，隨著太陽的消失，地球的公轉也會消失，但仍然會持續**自**

會發生什麼事？

如果太陽突然消失……

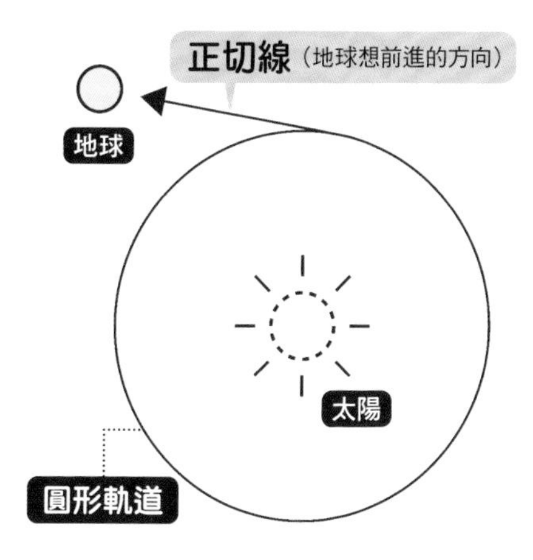

太陽消失後，地球就會向圓形軌道的正切線方向飛去。

太陽消失後，月亮會隨著地球持續進行直線運動，直到遇上下一個重力場為止。

轉。約24小時轉一圈的模式也不會有所變動，然而，轉一圈的基準卻變得很難判斷。畢竟是完全的黑暗，儘管月球依舊伴隨左右，卻無法看到它，也無法知道月的陰晴圓缺。因為月亮不會再被太陽照耀了。

終有一天，**地球會進入代替太陽的天體的重力圈中**。是會被那邊的天體吸引而撞上，還是會像現在的太陽和地球的關係一樣，地球繞著那個天體運轉，這些我們不得而知，不過，假想會不斷延伸呢。

57 人造雨的原理：雨水是怎樣落下的？

用飛機撒下**乾冰跟碘化銀**這些**雪的原料**，製造雨滴！

人類正在進行以人工的方式降雨的**「人造雨」**研究。這好像有助於解決缺水問題，不過它的原理是什麼？

首先是關於雨水形成的機制。在日本這些溫帶地區降下的雨，大部分是因為形成高空雲層的水滴冷卻後變成小小的冰粒（冰晶），水蒸氣或水滴再附著在冰晶上就變成雪，這些雪落下的時候融化成水，就形成降雨〔圖1〕。想要結出冰晶，**必須要有**從地面吹上空中的**細小鹽巴、泥土及火山灰等懸浮微粒**。

因此，人造雨的基本思路是，以人工的方式將這些**能成為冰晶核的微粒**送到雲層內使其降雨。可以變成冰晶核的物質，至今為止是使用**乾冰**或**碘化銀**。乾冰溫度低，很容易結成冰晶；碘化銀的特徵是結晶的形狀很像冰或雪，所以比較容易造出雪來。

人造雨通常會在飛機上向雲層中噴撒乾冰等物質，不過也有在地上將乾冰做成煙狀送上雲層裡的方式〔圖2〕。雖然是在嚴重缺水的時候進行，但是這些方法只有在有雲的時候才能實施，因此，在目前情況下，解除缺水現象的雨水是無法透過人造雨造出來的。

人工散布冰晶核

雨的形成法〔圖1〕

小冰粒（冰晶）結成雪後，在落下期間融化變成水，這就是雨的由來。

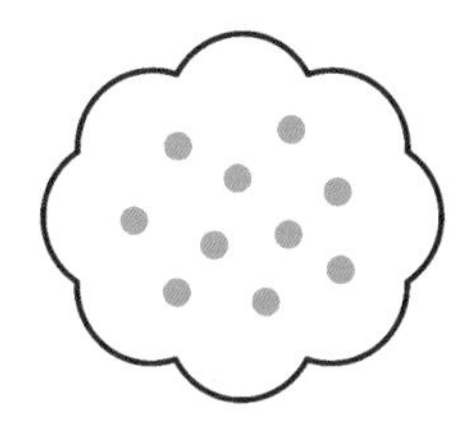

構成雲層的水滴，即使在0℃以下也不會結凍（過冷）。

❶ 水分子聚集在懸浮微粒的周圍

❷ 以懸浮微粒為核心形成冰晶

❸ 冰晶長大以後變成雪

❹ 雪落在氣溫高的地方就融化成雨滴

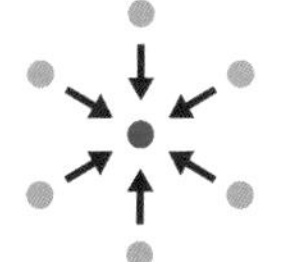

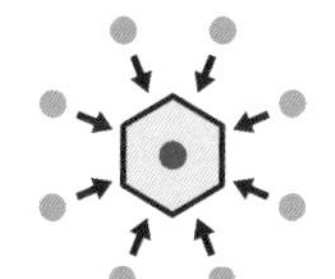

人工造雨的方法〔圖2〕

用飛機在雲層中撒下可形成冰晶核的懸浮微粒，製造冰晶，讓雨落下。採用乾冰或碘化銀當懸浮微粒。

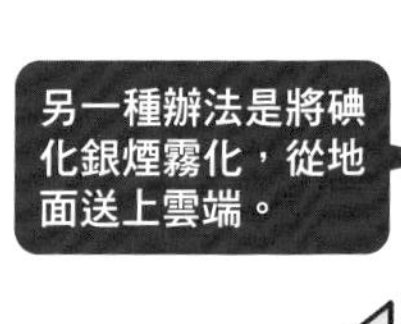

58 超導電纜的結構：電阻為零？

超導是指**電阻變為零**的現象。
不必浪費能源真好！

當發電廠通過電線（電纜）供電時，由於電線的金屬有電阻，所以流動的電流會轉化為熱能，流失一部分的能源。這叫做**「線路損失」**，輸電距離愈長，電阻愈大，線路損失也會變大。

順便一提，據悉日本有約5%的線路損失。如果能讓全世界的線路損失都消失無蹤，那可說是解決了大部分的全球能源問題。

接下來，特定金屬之類的物質在非常低的溫度下**電阻就會變為零**，這種現象被稱為**「超導」**。若電線保有超導狀態，線路損失便會大幅減少。目前各國正在進行超導輸電的研究，至今已成功使用-196℃的液態氮冷卻超導電纜。

然而，對於持續冷卻長距離電纜的設備來說，有大量的費用、意外和故障方針等需要解決的課題，因此這項技術仍處於試用階段。但是等到它可實用的那天到來時，就能在連日放晴的沙漠中將太陽能發電的電力送到全世界，或是共享各國多餘的電力，因此期待它成為解決能源和環境問題的龐大助力。

電阻為零的超導現象

物質變超導狀態時的溫度

所謂的超導，是一種將特定金屬放在低溫下，電阻就會變成零的現象。

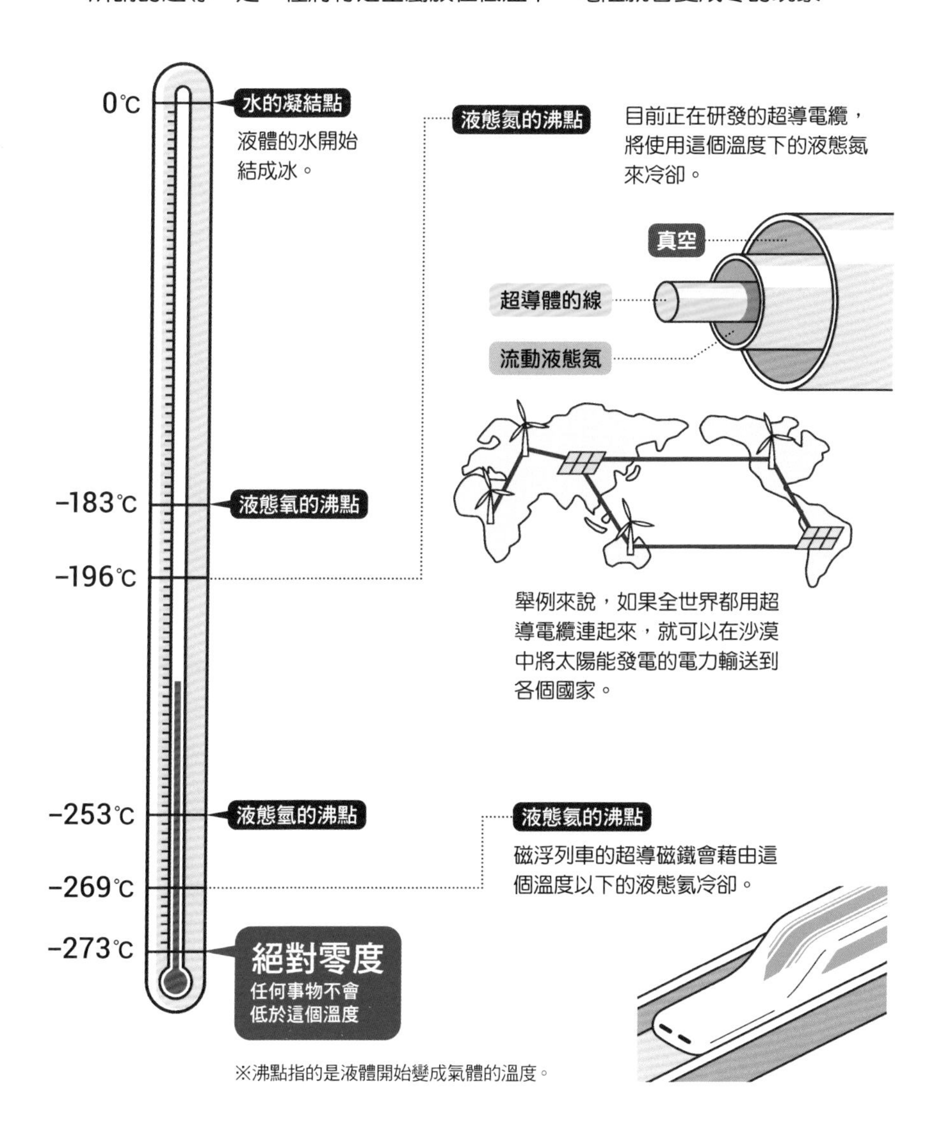

※沸點指的是液體開始變成氣體的溫度。

59 磁浮列車為什麼能以超高時速奔馳？

藉由**超導磁鐵**的力量讓車體懸浮與前進。實現時速600公里的速率！

聽說車輪列車的最大時速約為400公里。為了打破這個障礙所研發出來的**磁浮列車**，其透過磁鐵的力量懸浮空中，行駛速率可達每小時600公里以上。

使磁浮列車的車體懸浮、前進的原理，是安裝在所有車輛兩側的**超導磁鐵**（又名超導電磁鐵）〔圖1〕。

雖然普通電磁鐵是注入線圈的電流愈大，磁力愈強；但因電阻發熱使這部分能量流失的關係，最終可獲得的磁力有限。不過，要是將某種物質**冷卻至絕對零度（-273℃），電阻就會降到零**，變成非常強力的磁鐵。這就是超導磁鐵。在磁浮列車上，是以液態氦將其冷卻到接近-269℃左右。

正如新聞報導所言，如今日本磁浮中央新幹線正在施工，目標是2027年東京到名古屋間路段通車。磁浮新幹線在名為導電軌的車道兩側牆壁設置2種線圈，這些線圈只要一通電就會變成電磁鐵。透過超導磁鐵與線圈的相吸與相斥，使車輛懸浮前進〔圖2〕。

運用兩種電磁鐵行駛在車道上

車體懸浮的原理〔圖1〕

在懸浮與導航線圈上通電，線圈就會變成電磁鐵。因為安裝在車體兩側的超導磁鐵的N極與線圈的N極相斥、S極相吸，所以能透過這個力量使車體懸浮空中。

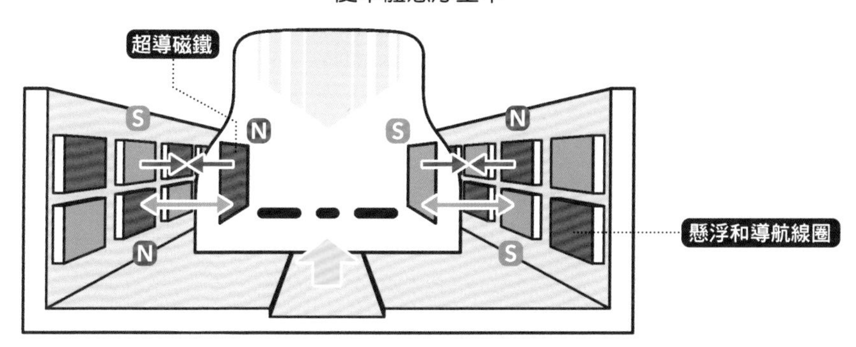

車體前進的原理〔圖2〕

雖然車體的超導磁鐵固定在同樣的磁極上，但推進線圈的電流會依序變化，磁極也會依序轉換成電磁鐵。運用這種方式，車輛移動時就能依據移動位置更換線圈的N極與S極，讓車輛向前推進。

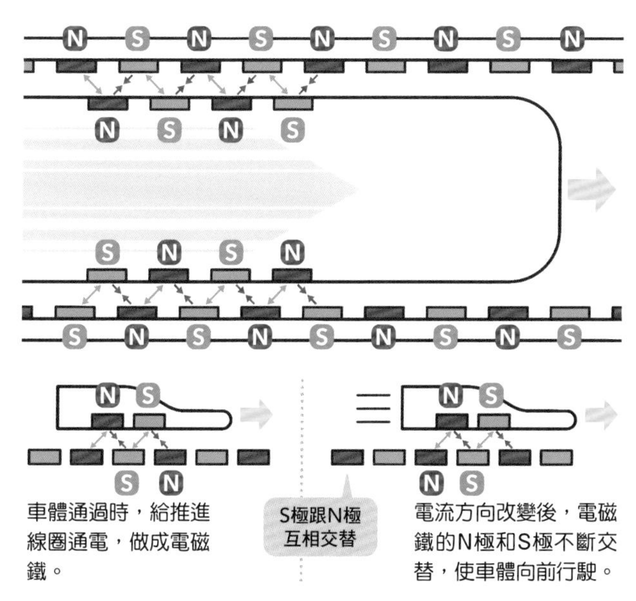

60 沒有加油也能開？了解燃料電池車

透過**氫氣**與**氧氣**產生電流，
連排放的廢氣也會變**水蒸氣**的環保汽車！

最近利用電力和馬達驅動的汽車正在增加。其構造又是如何？在這裡，我們要來介紹**燃料電池車**。

首先是關於燃料電池的部分。如圖1所示，在水中注入電流，水就能分解成氫和氧，這是**「水的電解」**；而燃料電池的原理就是**這套化學反應的逆向操作**，將氫和氧反應時所產生的電流拿出來用。

燃料電池**只需補充氫氣和氧氣，便會持續產生電流**，不需要充電。而且排放出來的廢氣大多是水蒸氣（水），不會產生二氧化碳，所以可稱得上是友善地球環境的設計。

從這一點來說，燃料電池作為未來的電動汽車能源製造裝置備受關注，日本的汽車製造商也已經在銷售燃料電池車了。只是，現在數量仍然非常稀少。

主要原因可列舉為：燃料電池車價格昂貴、負責補給氫氣的加氫站修建進度不夠完善等等。另外，近年來高性能**鋰電池**的製造愈來愈便宜，這種電池更易於用在電動車上這點也是原因之一。不管怎樣，據說未來幾十年研究會有更進一步的發展，到時電動車的市占率將大幅提高。

燃料電池發電後排出水蒸氣

電解水的實驗裝置〔圖1〕

如果將電流通到水中，水就會被分解成氧氣和氫氣（電解）。
燃料電池倒過來運用了這個反應。

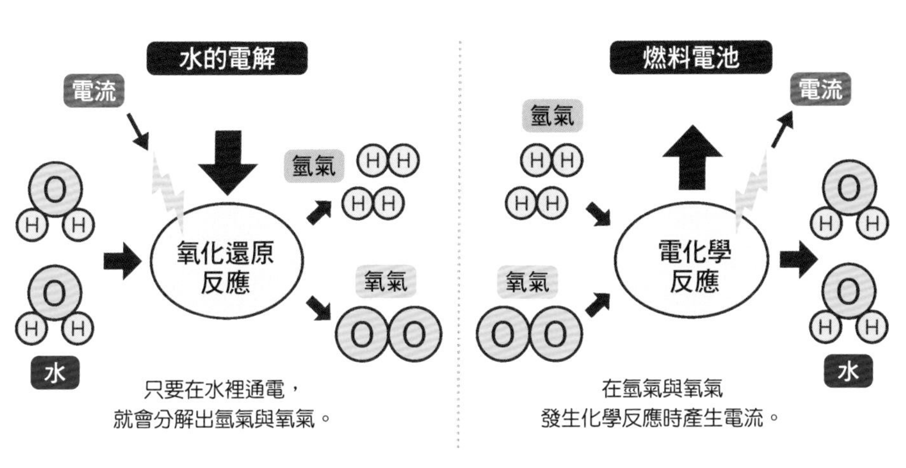

燃料電池車的構造〔圖2〕

從空氣中引進的氧氣與存在儲氫罐中的氫氣發生反應時會產生電流，
並透過這股電流運轉馬達。

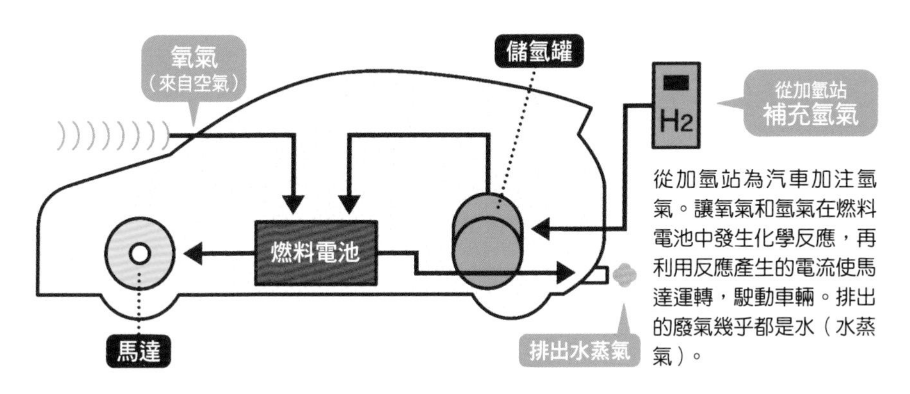

從加氫站為汽車加注氫氣。讓氧氣和氫氣在燃料電池中發生化學反應，再利用反應產生的電流使馬達運轉，驅動車輛。排出的廢氣幾乎都是水（水蒸氣）。

61 無人機的飛行原理：它與遙控飛機有什麼不一樣？

多虧了**電池、馬達、以及各種感測器**，
讓它可以簡單飛上天！

無人機（drone）指的是「**遙控無人機**」。從這層意義上來看，從1960年左右開始，就已經有了遙控飛機和遙控直升機。但是，遙控飛機很難操縱，又要花費好幾萬日元才能擁有，而且一開始的遙控飛機墜落或嚴重損壞的情況並不少見。

那麼，這無人機又是什麼樣的東西呢？**無人機是具備3個螺旋槳以上的「多軸飛行器」**。現在擁有4個螺旋槳的類型最為常見，這種叫做**四軸飛行器**；也有6個螺旋槳的六軸飛行器、以及8個螺旋槳的八核飛行器等等。

這些多軸飛行器上裝有由電腦自動控制飛行的飛行控制器。飛行控制器以機體上裝載的**陀螺儀、加速規、氣壓感測器、GPS**等儀器傳來的情報為基準，控制機體的姿勢和行進方向。它可以調節多個螺旋槳的旋轉速度，也能精確控制飛行方向等操縱〔圖1〕。

此外，藉由小型、輕薄大容量的鋰電池和高功率小型馬達的實現，無人機的發展是飛躍性的。不僅用於興趣，在產業領域上也開始受到運用。

更改馬達旋轉數再前進

無人機的行進方向與螺旋槳的旋轉數〔圖1〕

減少飛行方向的馬達轉數，提高相對方向的馬達轉數，如此一來無人機就會前傾並向前飛。前後左右的移動都是利用這個原理施行。

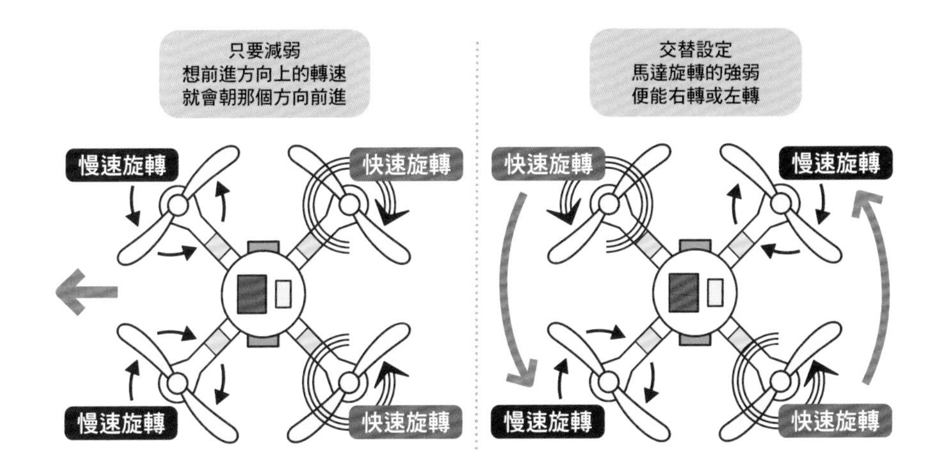

四軸飛行器的基本結構〔圖2〕

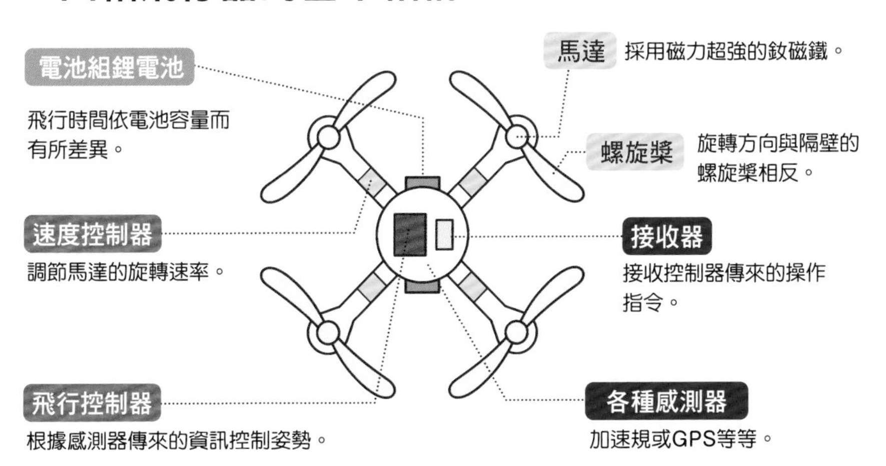

62 藉由電力驅動飛行？關於電動飛機的研發

部分動力**電動化**，
以**電力**和**燃料**的組合技飛向空中！

隨著汽車的電動化，電動車、或是同時使用引擎和馬達的混合動力車也在逐步增加。飛機也同樣是使用石油作為燃料，所以為了抑制二氧化碳的排放，曾經施行燃油效率提高等改良工作。只不過，僅靠這些仍有所極限，因此目前正在進行讓飛機像汽車一樣電動化的研究。

中、大型飛機的**混合動力化研究**正如火如荼地展開。在這個項目上有兩種方式，其中之一是**並聯混合動力系統**〔圖1〕，在這套系統中，產生推進力的引擎風扇是同時由燃油引擎與電動馬達兩邊驅動。在另一種的**串聯混和動力系統**〔圖2〕中，機體上搭載的引擎只單純進行發電，並以其電力轉動風扇或螺旋槳。

如上所述，至今為止的動力全都仰賴引擎驅動，藉由將其中的一部分轉為電動化，將可大幅減少二氧化碳的排放量。

另外，用馬達和電池（電池組）代替引擎核燃料的**電動飛機**的研究也在進行中。只是由於電池容量很小，很難實現在長距離飛行的中、大型飛機上，所以想先在數人搭乘的短距離輕型飛機上讓這個想法成真。此外，將**無人機**（➡P.168）**大型化**的研究也正在進行當中。

用引擎跟馬達轉動風扇

▶並聯混合動力系統〔圖1〕

產生推進力的風扇，可透過燃燒航空煤油以及馬達兩邊的動力驅動。

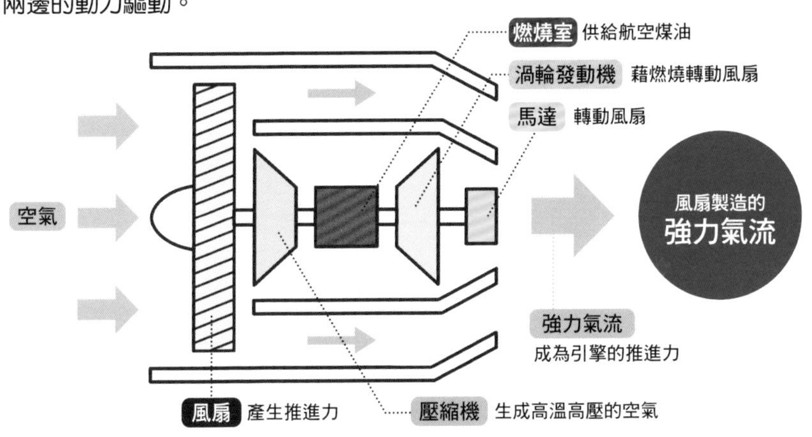

▶串聯混合動力系統〔圖2〕

使用航空煤油的引擎只用於發電，藉由發電機產生的電流直接連結馬達，並使風扇旋轉。

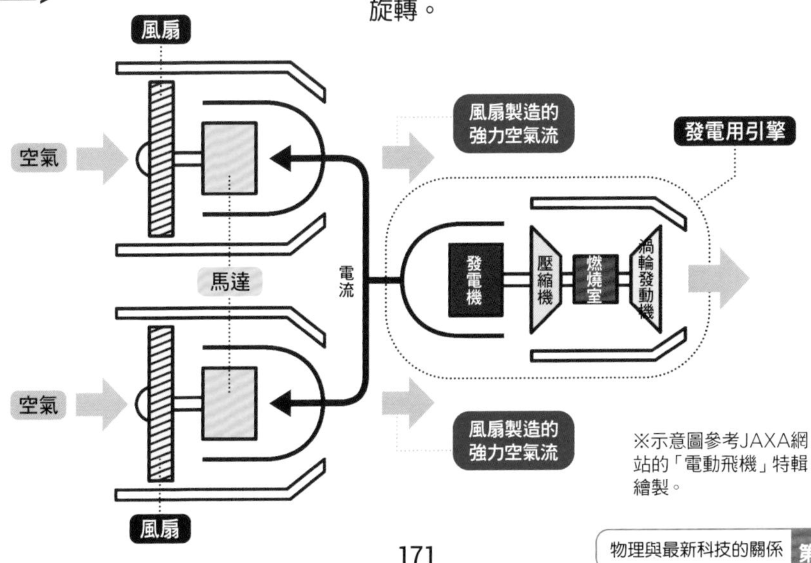

※示意圖參考JAXA網站的「電動飛機」特輯繪製。

63 太陽能電池的構造：光為什麼能發電？

利用一照到光就會通電的**半導體**，
將**光能**轉化成**電流**！

太陽能電池是將太陽的光能轉換成電力的裝置，這套結構是太陽能發電的核心。

最常用在太陽能電池上的是被稱為**矽晶太陽能電池**的**半導體**。所謂半導體，指的是**性質介於導電的「導體」和不導電的「絕緣體」之間的物質**。依條件的不同，能否通電之類的電力性質將有所改變。半導體分成n型和p型兩種。太陽能電池便是由這**兩種半導體接合**而成。

太陽能電池所使用的半導體，其特性是在暗處不會通電，但只要照到光就會通電。光線照射到太陽能電池上時，在n型和p型接合面附近會出現**電子**（負電）和**電洞**（正電），**電子向n型方向移動，電洞向p型方向移動**。此時，若接上燈泡之類的東西就會通電〔圖1〕。太陽能電池就是這樣發電的，而且接觸到的光照愈強，產生的電流就愈大。另外，如果太陽能電池上形成影子，則該處的電阻會導致發電量下降。

太陽能電池不僅作為友善環境的自然能源被人們所用，也用於人造衛星的電源上〔圖2〕。

電子和電洞因為光而移動

▶ 太陽能電池的原理〔圖1〕

只要光照下來，n型半導體和p型半導體的接合面附近就會出現電子（帶負電）和電洞（帶正電）。電子向n型的方向移動，電洞往p型移動。在這個狀態下，如果將安裝於表面和背面上的電極連接小燈泡，就會產生電流。

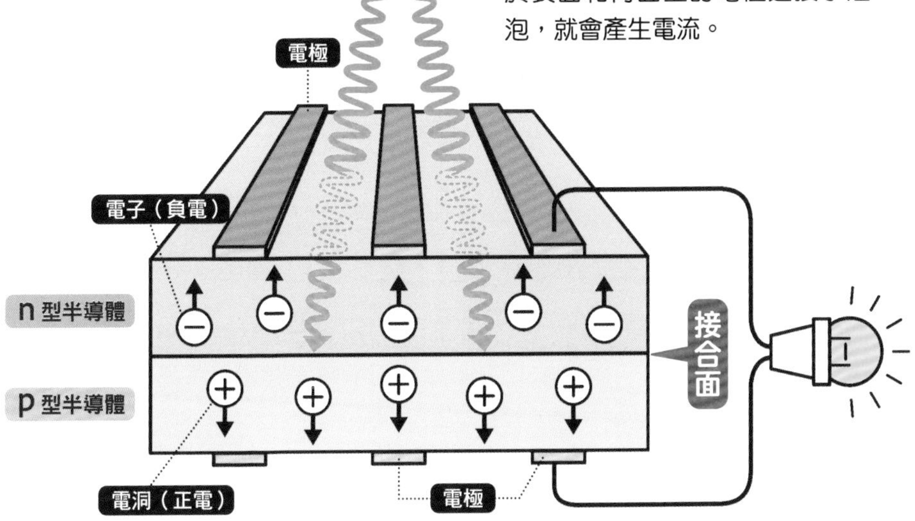

▶ 太空中不可或缺的太陽能電池〔圖2〕

人造衛星上，太陽能電池板占有很大的面積。大多數的衛星沒有太陽能電池就不能運轉。

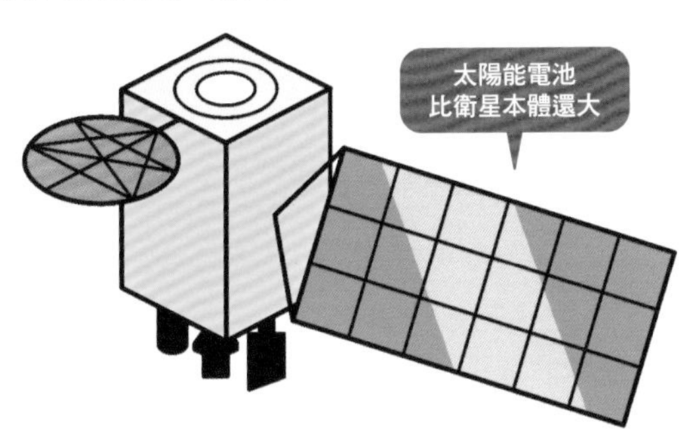

64 4K、8K、OLED……？新世代電視的結構

OLED是**讓色彩發光的LED**。
4K、8K是電視的**像素**！

從「映像管」演變成「液晶」，再來是「4K」、「8K」，最後連「OLED」都推出了……電視日漸進化，不過這些名詞又各自意味著什麼呢？

電視的畫面是藉由使**縱向、橫向排列的紅（R）、綠（G）、藍（B）的微小像素（pixel、px）發亮**來顯示圖像。這個映出畫面的機制，在液晶上和在OLED上不太一樣〔圖1〕。

液晶是從紅、綠、藍三色濾光片的後面照射光（背光燈），使畫面發亮。另一方面，**OLED**不用背光燈，它自己本身就會發光。OLED的基本結構與**LED**（➡P.126）相同。因為OLED面板不需要背光燈，所以能做得比液晶更輕薄，面板厚度約為5公釐左右。

4K、8K的「K」是Kilo，也就是代表1,000的意思。4K電視表示組成畫面的橫向像素約有4,000（寬3,840×長2,160）左右。同樣地，8K電視代表橫向像素約為8,000（寬7,680×長4,320）上下。

因為在這之前的高畫質電視（HD）是寬1,028×長720像素，超高畫質電視（Full HD）則為寬1,920×長1,080，所以4K、8K的畫面可以顯示出非常精細的圖像。

藉由發光顯示影像

液晶與OLED〔圖1〕

液晶電視與OLED電視的發光機制不同。

液晶電視

藉由改變液晶的方向，控制穿過彩色濾光片的背光燈光源。

OLED電視

OLED透過電壓的變化來控制其自身的發光狀態。

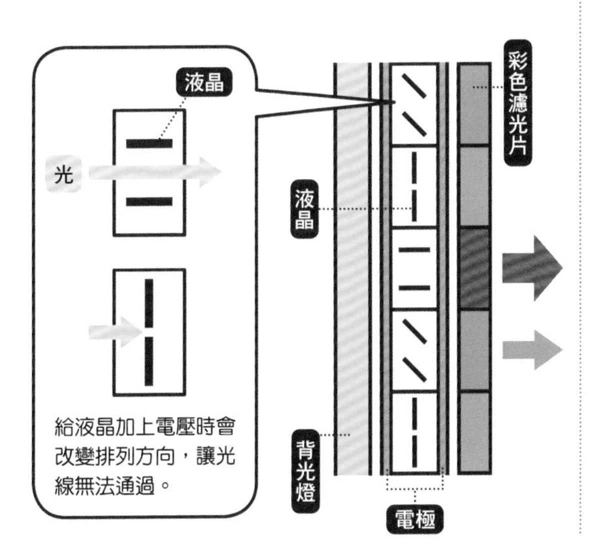

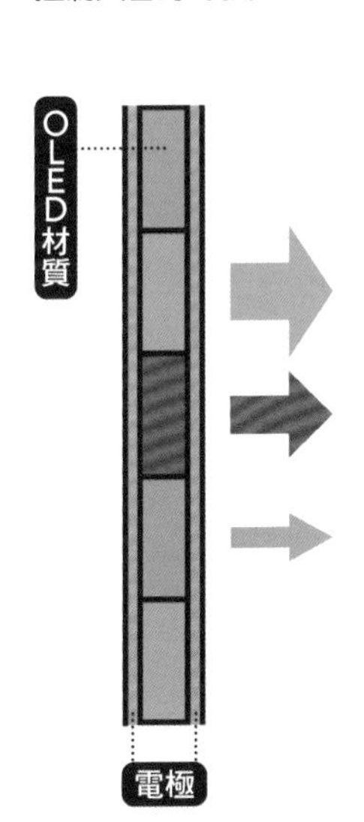

Full HD、4K、8K是什麼？〔圖2〕

如果像素大，就能映出相當清晰（高解析度）的畫面。而且即使畫面放大也不會變得模糊。與Full HD相比，4K是它的4倍，8K甚至達到16倍。

Full HD

1080p

1920p

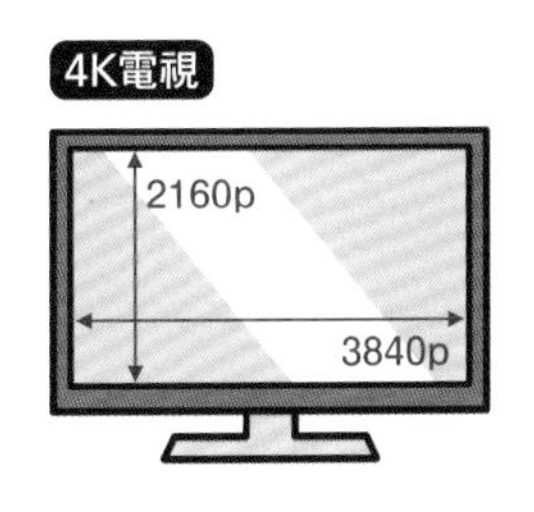

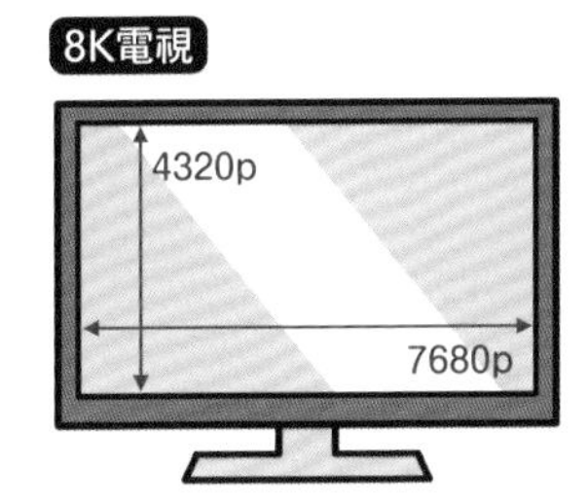

還想知道更多！
精選物理學
⑨

Q 潛水時能不能用手機寄發電子郵件？

可以 or 不能

智慧型手機一碰到水就沒辦法用了。即使如此，似乎也有人會對手機做防水處理，再用手機的相機鏡頭進行水中攝影。只是，這樣可以通訊嗎？在海裡收發電子郵件，或將照片上傳到網路上是可行的嗎？

手機和智慧型手機是運用電波通訊的工具。電波根據波長的差異分成不同種類，手機和智慧型手機採用一種叫做**特高頻（UHF）**的電波聯繫，其波長是**從1公尺到10公分**。

一般來說，電波在水中衰減的幅度（弱化）很大且傳遞困難，不太能夠用來通訊。而且，波長短的電波也傳不出去。因此，潛水艇和海上船隻之間的通訊需要連通電纜或使用超音波。超音波就算在水中也不太會減弱，可以好好傳遞出去（➡P.98）。漁船和釣魚船所使用的魚群探測器也不是用電波，而是以超音波來探測魚群。

▶電波與超音波在水中的傳遞方式

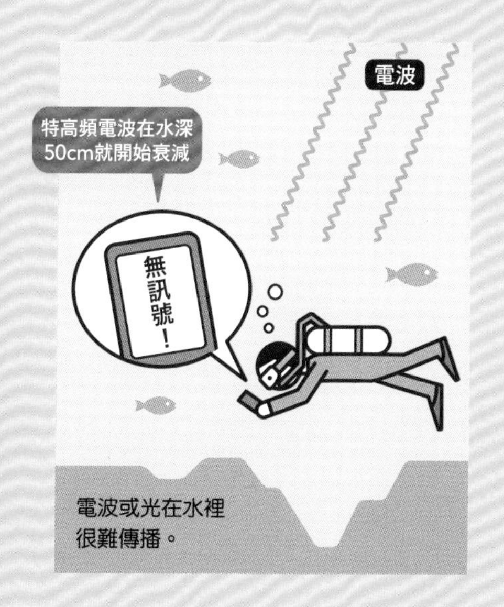

魚群探測器運用超音波找出魚群。

只不過，電波中還有波長超過100公里的**甚低頻電波**，因為這種電波多少可以在水中傳播，所以似乎被用在潛艇通訊上。

那麼，在水裡將電波傳出去有多難呢？某個實驗將手機放進防水套並沉入游泳池內，大概差不多50公分深的地方就收不到電波了。這麼一來，潛水時就不可能用手機發郵件或上傳照片。

正確答案是，潛水時「不能」用手機發郵件。

65 地表與宇宙的連接通道？有關軌道電梯的研究

原來如此！

用一條纜繩把地面跟太空站**連起來**，
就能安全又便宜地前往宇宙！

發射太空探測器或載人太空船到宇宙中時會用到火箭。將來或許也會在月球或火星上建設基地，並且以觀光的名義展開太空旅行吧。

到時候，就必須考慮到費用比火箭更便宜，而且可以安全前往宇宙的手段，於是人們想出**軌道電梯（太空電梯）**這個方案。軌道電梯是利用纜繩**將地面和建設在赤道上空約3萬6,000公里處的太空站連接起來**，並且透過沿著纜繩上下移動的電梯載運人或貨物往來的一種設計〔圖1〕。

在3萬6,000公里的高空飛行的人造衛星，因為跟地球自轉速度同步，所以從地面上看像是在同個位置上靜止不動。這個高度稱為**靜止軌道（地球同步軌道）**。如果將靜止軌道上的太空站用纜繩連接到地面上，從地面上來看就相當於建了一座十分高的塔。

只不過，如果纜繩只到靜止軌道而已，那麼太空站就會被繩索的重量拉扯墜落。為了防範這種情況發生，纜繩會再向宇宙延伸一段距離，並在前端加上重物。藉此增強纜繩上作用的**離心力**，讓太空站不至於落下〔圖2〕。纜繩的材料則考量採用既輕便又比鐵還要結實的奈米碳管。

透過離心力穩定電梯

軌道電梯的構造〔圖1〕

在赤道上有電梯的地面站，要抵達位於上空3萬6,000公里處靜止軌道的太空站，需要花費好幾天的時間升上去。

離心力的原理〔圖2〕

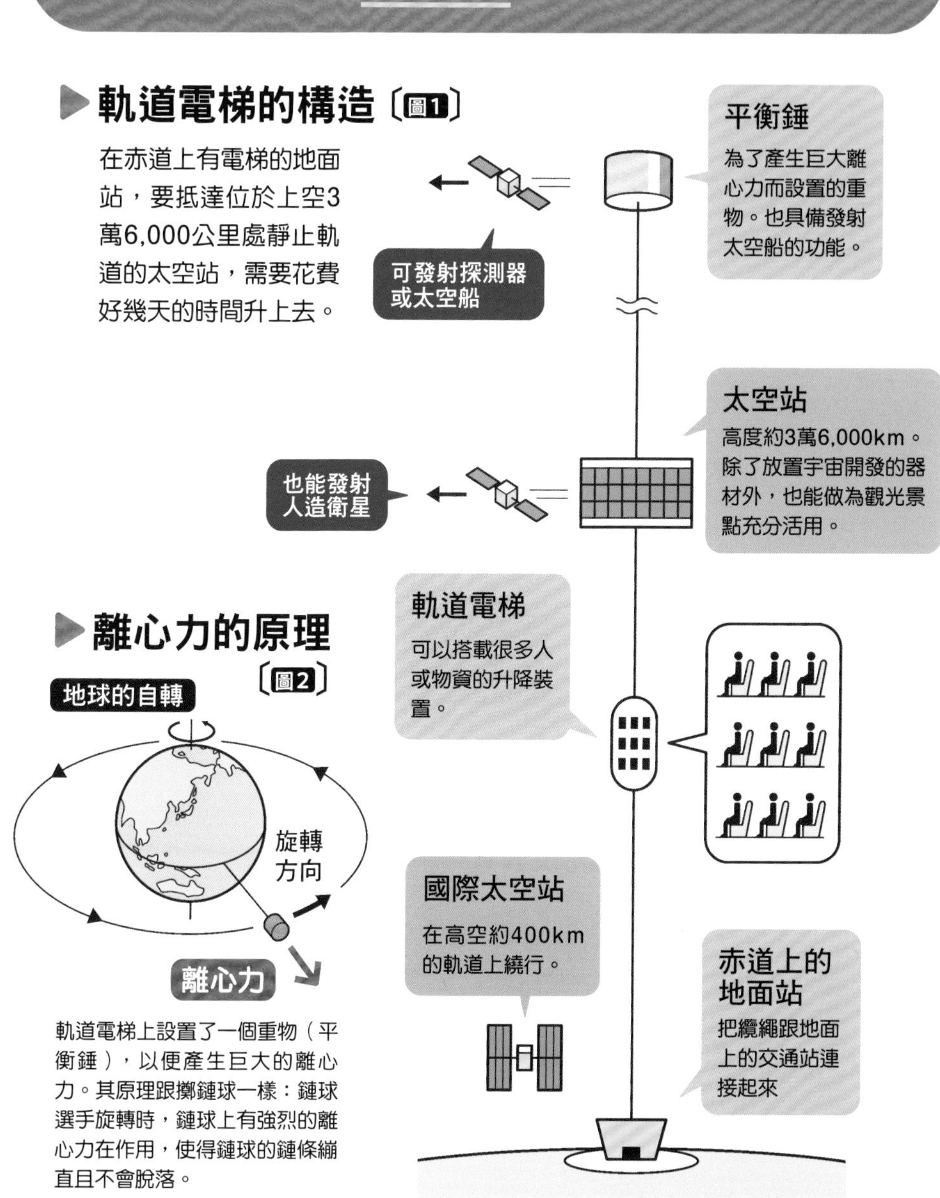

軌道電梯上設置了一個重物（平衡錘），以便產生巨大的離心力。其原理跟擲鏈球一樣：鏈球選手旋轉時，鏈球上有強烈的離心力在作用，使得鏈球的鏈條繃直且不會脫落。

66 前往火星的太空旅行：要花幾天才到得了？

原來如此！

即便是能以最少的能源前往目的地的**赫曼轉移軌道**，**單程**也要耗費**260天**左右！

火星是地球的鄰近行星。它跟地球的距離有時近、有時遠，不過距離最近的時候約為5,500萬公里，最遠離地球的時候也有約4億公里之遙。月球跟地球的距離是38萬公里，所以火星比月球遠150倍到1,000倍以上。

即使像現在看得到的火星發射火箭，火箭到達時火星的位置也會出現變化，所以要**以能使抵達時的太空船和火星的位置重合在一起的方式來讓太空船升空**。另外，要載人的太空船還得攜帶糧食等物資，因此飛行時必須盡量節省燃料。此時可用的行程路線名為**赫曼轉移軌道**〔圖1〕，透過這條軌道，在地球和火星位置剛剛好的時機發射升空，然後抵達目的地需要花費260天左右的時間。

從火星返回地球時，也必須在雙方的位置關係適當時再出發。得等一年以上才會等到那個時機點到來，而且回來時也要利用約需260天的赫曼轉移軌道返航。考慮到這些事後，**發現從出發到回來大概要花2年8個月左右**。

美國的目標是在2030年代的火星載人探測任務，然而即使飛行過程順利，太空中也到處都是危險的放射線，因此也必須解決其在飛行時影響健康的問題。

地球跟火星的位置關係很重要

前往火星時的赫曼轉移軌道〔圖1〕

用最少的燃料就能到達行星的軌道稱為赫曼轉移軌道。

前往火星時，地球在 E1 的位置，朝著地球公轉的方向發射太空船。這時候，火星位於 M1。太空船經過紅色虛線的軌道，在大概260天後抵達位在 M2 的火星。此時，地球的位置是 E2。

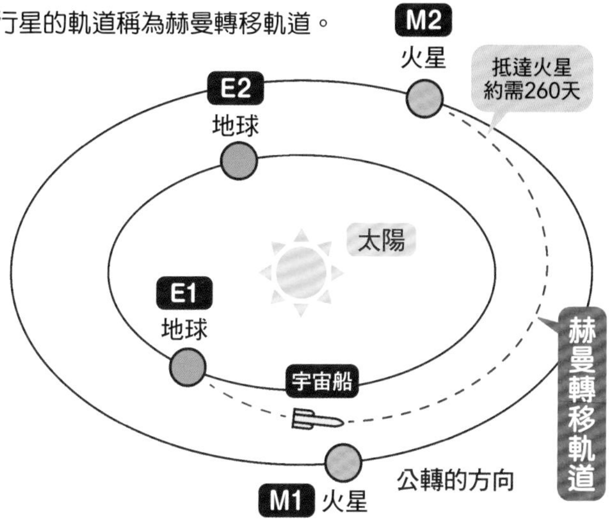

地球與火星的比較〔圖2〕

雖然火星跟地球是很相似的星球，但那裡沒有太空服就無法生存。

	地球	火星
離太陽的距離	1（以太陽－地球為1）	1.52
赤道半徑	6378km	3396km
體積	1（以地球為1）	0.151
重量（質量）	1（以地球為1）	0.107
重力	1（以地球為1）	0.38
自轉週期（1天的長度）	23小時56分鐘	24小時37分鐘
公轉週期（1年的長度）	365.24天	687天
平均氣溫	15℃	-43℃
氣壓	1（以地球為1）	0.0075
大氣的主要成分	氮氣78% 氧氣21%	二氧化碳95% 氮氣3%

假想科學特輯 9

瞬間移動是有可能

瞬間移動的思路

經常有人在解釋瞬間移動時，將彎折紙面作為比喻。

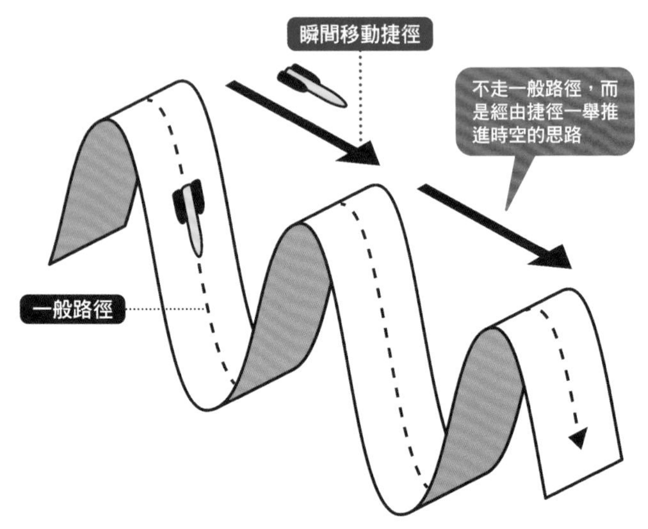

往某個距離遙遠的場所瞬間（或是在非常短的時間內）移動到目的地的**「瞬間移動」**。這項科幻作品中常常登場的技術，在物理學上有可能實現嗎？

首先，我們周圍廣闊的空間不僅與距離有關，跟時間也有關係，所以才稱為**時空**。有人認為這個**時空不是筆直的延續，而是歪扭彎曲的**。

瞬間移動的基本思路就是，像這樣在時空彎曲時從裡頭跳出來，再經由捷徑返回原來的時空〔左圖〕。換言之，藉由**脫離時空的正常流向**，可以越過時間移動到其他地方。

另外，經常跟瞬間移動一起提及的**「蟲洞」**，則是以蘋果被蟲打洞來比喻。蘋果皮的表面是時空的聯繫，順著表皮前行時距離會變得

實現的嗎？

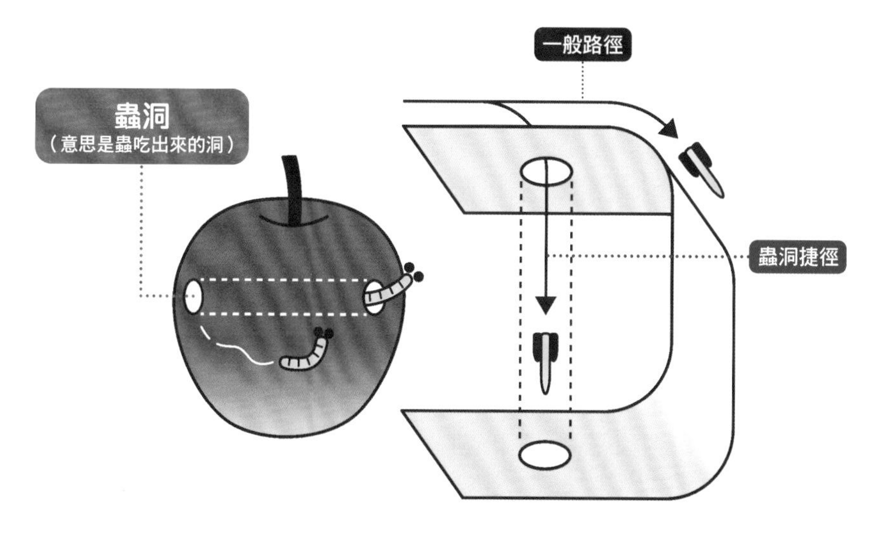

很長，所以打算通過洞穴直接抵達另一面〔右圖〕。

這些理論都得**伴隨時空扭曲的發生**。不過遺憾的是，到目前為止觀測到時空扭曲或曲折的情況極為罕見，更不曾有過人工引起的先例。

瞬間移動和蟲洞都曾在物理學的世界被提及，可惜現在的物理學還沒有辦法伸手觸碰到這個領域。但是，NASA並未完全否定瞬間移動的可能性。在遙遠的未來裡，或許有可能會出現穿越時空的物理理論，讓瞬間移動和蟲洞成真。

67 不用電線也能充電？了解無線充電的原理

原來如此！ 運用了**磁鐵跟線圈**的**電磁感應**，藉此得以無線供電！

供電時不用電線的技術稱為**「無線供電」**，分為**輻射型**和**非輻射型**兩種。輻射型將電轉換為電波，利用天線送到遠方；非輻射型則是在極為接近的距離內執行供電。

舉一個輻射型的例子就是太空太陽能發電，其研究將在太空發電的電力，透過電波傳到地面的方式。這裡要介紹的是可以給智慧型手機或汽車充電，對我們來說更熟悉的非輻射型原理。

非輻射型中有**「感應耦合式」**和改良後的**「磁感應耦合式」**，其基本原理來自**「電磁感應」**。如圖1 A所示，如果將磁鐵在線圈中抽放，則線圈中會有電流流通，這是電磁感應的基本。像圖1 B這樣，兩個線圈之間也會產生電磁感應。因為兩個線圈相對時，只要其中一個線圈通電，電流也會在另一個線圈中流動。

感應耦合式的無線充電是基於該原理而製成的產物。悠遊卡等IC卡也是利用這套原理，使自動剪票口和卡片互相通訊。而磁感應耦合式提高了供電效率，同時還拉長可供電的距離。人們盼望已久的汽車無線充電，目前正在以磁感應耦合式進行研究〔圖2〕。

電流因磁場變化而流動

電磁感應的原理〔圖1〕

所謂的電磁感應是一種現象，意指線圈中的磁場（受到磁鐵磁力作用的區域）若出現變化就會通電。

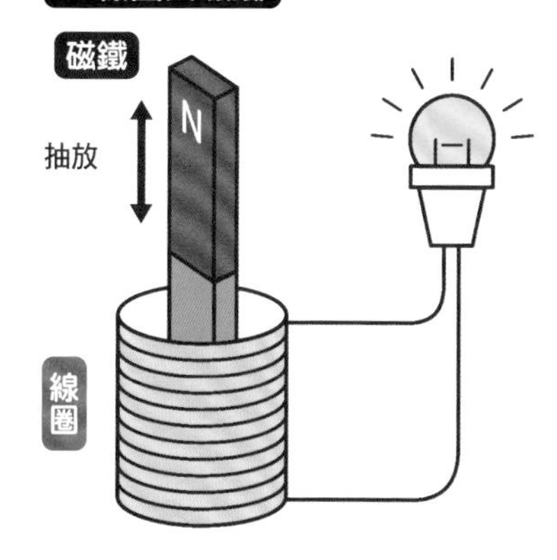

若將磁鐵抽出線圈再放入線圈，便會產生電流。

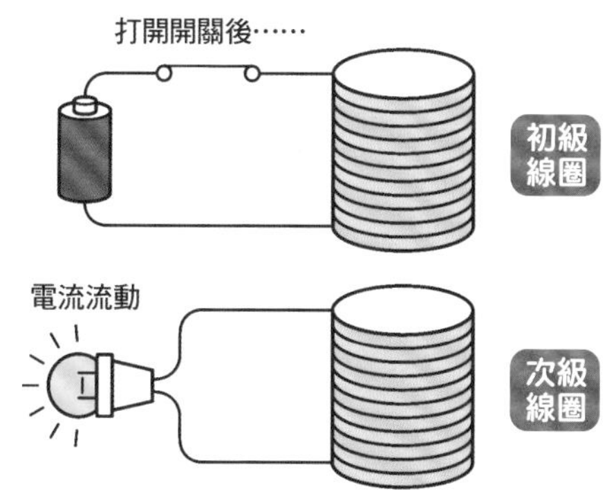

兩個線圈面對面放在一起，當其中一個線圈通電時，另一個線圈的電流也會流動。

電動汽車的無線充電〔圖2〕

只需將車子停放在無線充電裝置上，就能為電池充電。

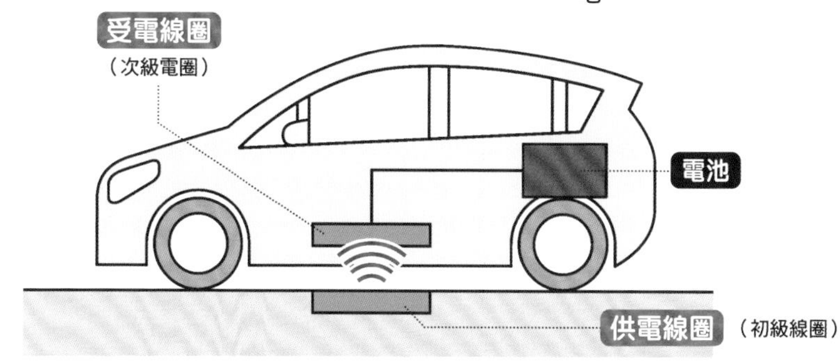

如果在停車場設置供電線圈，車上安裝受電線圈的話，光停車就能開始充電。

68 微波爐與微波：為什麼可以回溫加熱？

微波**1秒內振動24億次之多**，
透過微波讓**水分子**摩擦生熱！

微波爐的原理是，從一個名為磁控管的零件中生成的**微波**電波照射在食物上，作用於食物中所含的水分上產生熱能。

水分子是由2個氫原子和1個氧原子所組成〔圖1〕。這種水分子的其中一邊（氧原子那邊）帶有負電，對面（氫原子那邊）則是帶正電。

微波爐的微波是2.45GHz（千兆赫）的電波，該電波**1秒鐘振動24億5,000萬次**。而且**每振動一次正負極都會互換**。一旦這個電波碰到食物中的水分子，受到電波振動的影響，水分子的方向便會有所改變。也就是說，食物中的水分子會以驚人的速度不斷改變方向〔圖2〕。

透過這個動作，水分子相互摩擦，並**因摩擦產生熱量**而提高食物的溫度。天氣冷的時候，搓手會讓手暖和起來，原理上兩者是差不多的。

不含水分的玻璃等容器，是因為加熱後的食品熱度的傳導而提高溫度，所以會比較慢熱。

水分子因摩擦而加熱

水分子的結構〔圖1〕

氫原子帶正電，氧原子帶負電。

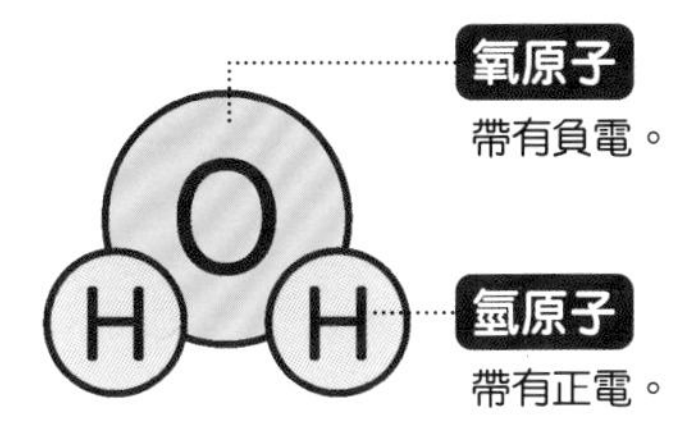

微波與食物中的水分子〔圖2〕

只要微波碰到食物中的水分子，那每當微波改變電極時，食物中的水分子就會跟著改變方向。結果水分子之間互相摩擦，經由摩擦生熱來加溫食物。

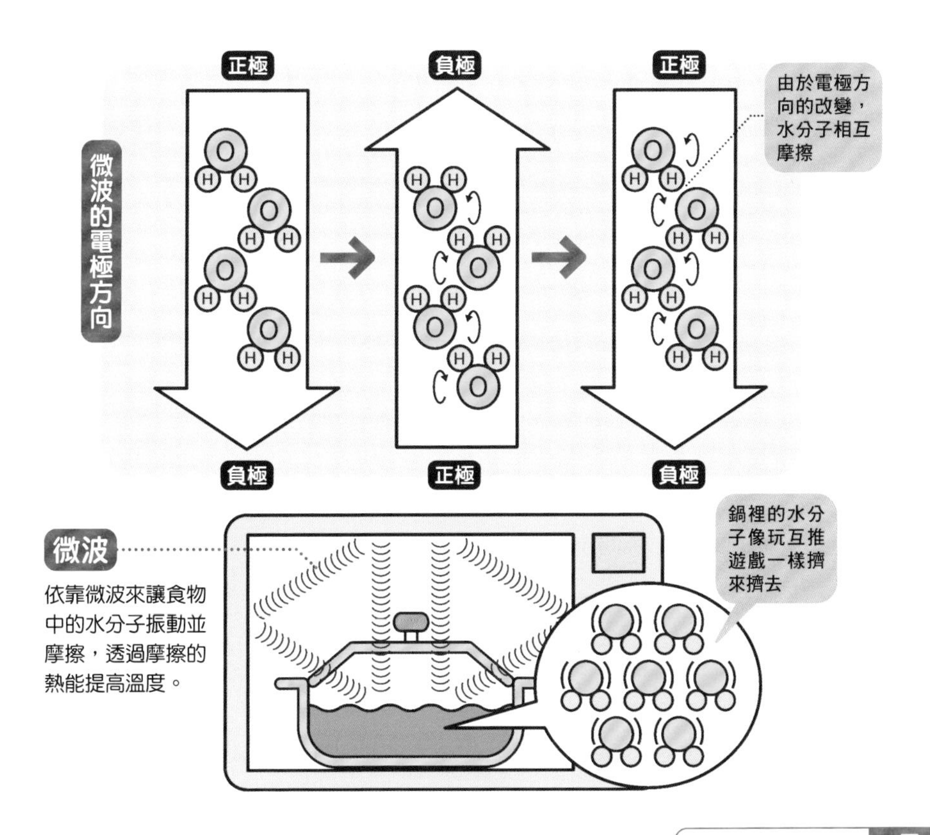

69 不用火的電磁爐是如何加熱食物的？

爐裡的線圈在鍋子底下產生**渦電流**，
並加熱鍋子！

不用火就能加熱食物的**電磁爐（IH調理爐）**。和煤氣爐等產品不同，爐本身不會變熱，只有放在上面的鍋會加熱烹調。

電磁爐內裝了**纏繞著電線的線圈**〔圖1〕。電流流入線圈後會產生磁力線，在鐵鍋底部出現渦電流。藉由這個**渦電流**使鍋底變熱，就能夠用來烹煮食物。這時產生的熱能被稱為**焦耳熱**。

其原理很像是在無線充電（➡P.184）中所採用的**「感應耦合式」**。感應耦合式的缺點是供電效率低，遞送的電力幾乎都會轉化成熱能，不過這些熱能正好為電磁爐所用。

雖然電磁爐會用到纏繞電線的線圈，但這些線圈依據的是**磁鐵原理**。因此只有被磁鐵黏住的鐵鍋或不鏽鋼鍋才能用在這種爐上。不過若是對應所有金屬的電磁爐，就可以使用鋁鍋或銅鍋。

最近，大多數的電鍋也開始改成IH電鍋，透過跟電磁爐一樣的原理，幫內鍋加熱或保溫〔圖2〕。

透過電磁感應產生熱能

電磁爐的構造〔圖1〕

讓線圈通電後便會產生磁力線，藉由電磁感應在鐵鍋之類的鍋子上引發渦電流。這些渦電流會加熱鍋子以便烹飪。此時產生的熱能稱作焦耳熱。

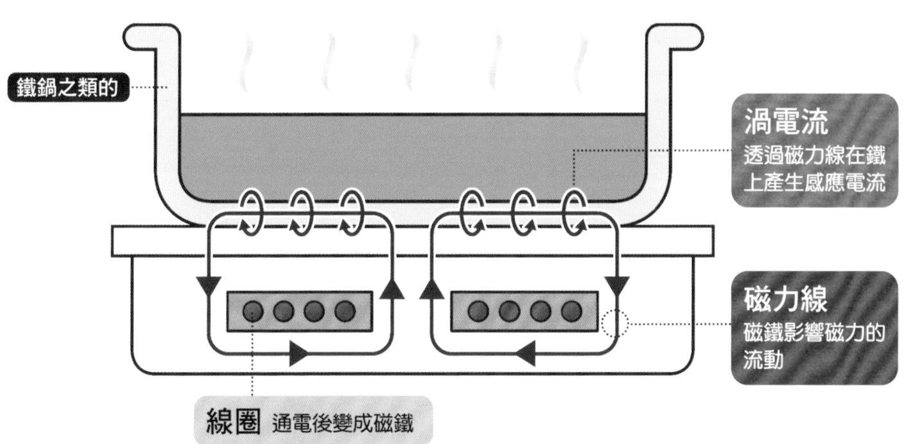

IH電鍋的構造〔圖2〕

線圈在內鍋上產生渦電流，促使整個內鍋都因焦耳熱而發熱，並且把飯煮好。也有一種壓力鍋型的IH電鍋，靠著提升內部壓力來煮飯。

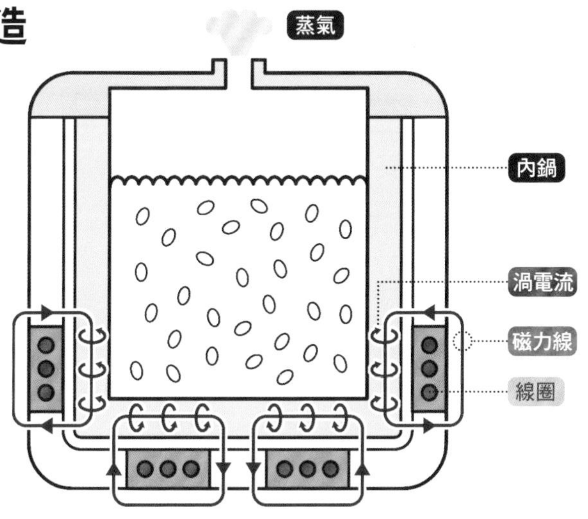

70 水波爐為什麼可以將食物烤得金黃酥脆？

附著在食物上的**水蒸氣**變成水的時候，
冷凝熱將食物急速加熱！

與過去的電熱管烤箱不同，透過加熱後的水蒸氣烤製食物的烤箱愈來愈普及。用水蒸氣加熱……到這裡為止還能想像，不過它竟能將食物烤得金黃酥脆這一點真的是很令人吃驚。這是什麼原理呢？

水在100℃時會由液體變成氣體的**水蒸氣**，如果加熱水蒸氣，溫度會遠遠超過100℃。這個叫做**過熱水蒸氣**，加熱食物的效率可以比使用電熱管的烤箱還好。其祕密在於，水蒸氣附著在食物上，並由氣體變成液體時所產生的**「冷凝熱」**。**跟從熱空氣傳過來的熱量相比，冷凝熱的能量非常地大**，因此食品溫度會在短時間內升高。

水波爐藉著過熱水蒸氣加熱食物。剛開始加熱時，水蒸氣會因為寒冷而變成水，不過只要繼續加熱，這些水就會變成過熱水蒸氣。過熱水蒸氣的溫度最高可達300℃左右，所以高溫的水蒸氣會變成熱風。這股熱風將食物表面烘烤得酥酥脆脆，甚至能做出微焦的效果。

再加上，它還有逼出食品中的油脂，使鹽分溶於水中一併帶走的效果，故而可以減少食物中的脂肪與鹽分。

水蒸氣變成水的瞬間放熱

過熱水蒸氣是什麼？〔圖1〕

加熱到超過100℃以上的水蒸氣，稱為過熱水蒸氣。

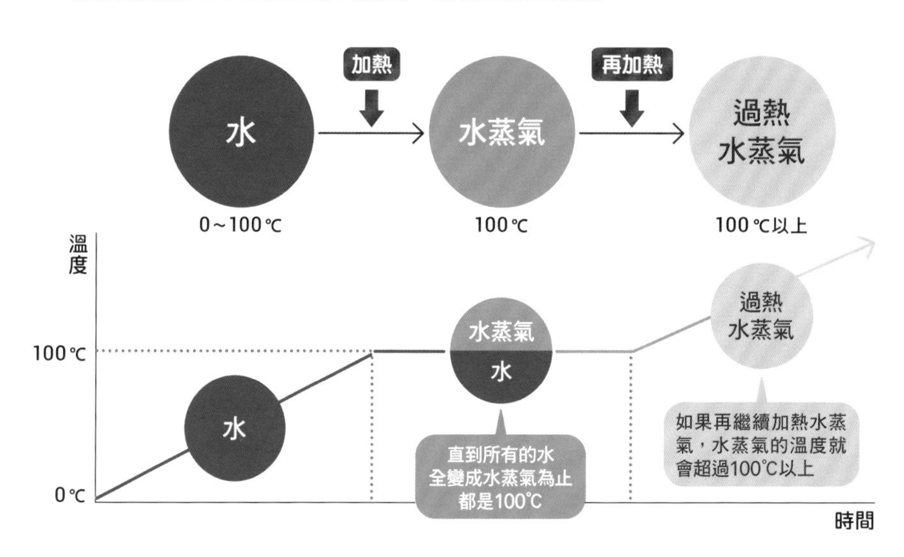

過熱水蒸氣與冷凝熱〔圖2〕

氣體的水蒸氣在轉變成液體的水時，會釋放出大量的熱能，這叫做「冷凝熱」。因為接受了這些熱量，所以食物能在短時間加熱。

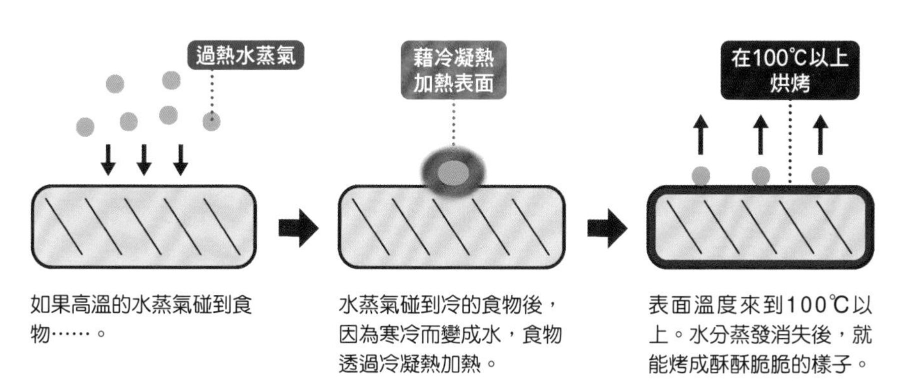

如果高溫的水蒸氣碰到食物……。

水蒸氣碰到冷的食物後，因為寒冷而變成水，食物透過冷凝熱加熱。

表面溫度來到100℃以上。水分蒸發消失後，就能烤成酥酥脆脆的樣子。

在相同氣溫下，哪邊感覺比較熱？

銀板 or 玻璃板

在20℃的室溫下，一直放在室內的銀板和玻璃板。這兩塊板子明明是暴露在相同的溫度下，但稍微摸一摸就會感覺到明顯的溫差。那麼，到底哪一邊比較熱呢？

要解答這個問題，關鍵在於**導熱方式**和**熱導率**。熱具有**從高溫的物品向低溫的物品傳遞的性質**。比如說，在盛夏時，如果從外面開門進入開好冷氣的房間，熱度就會從外面傳到房間裡頭。

這種「導熱方式」，是根據各個物質的**「熱導率」**來決定的。熱導率傳遞熱量的難易度是愈大愈容易，愈小愈困難。各個物質的熱導率請見下表：

各種材料的熱導率

材料	熱導率（W/mK）
銀	428
銅	403
金	319
鋁	236
鐵	83.5
碳（石墨）	80～230
空氣	2.41
玻璃（鈉鈣玻璃）	0.55～0.75
水	0.561
木材	0.14～0.18

因為銀和銅的數值比較大，所以**「容易導熱」**；反之，玻璃或水的數值比較小，因此**「難以導熱」**。從表格中可以看出玻璃的熱導率是0.75左右，銀的熱導率是428。以這一次的問題來說，人體體溫是36~37℃，放在室溫下的玻璃和銀是20℃左右，因此身體的熱度會從手掌傳到玻璃和銀上。銀因為熱導率高，所以身體的熱度傳遞得很快，逐漸奪走手中的熱度，所以感覺起來會很冷。相反地，玻璃的熱導率小，因此身體的熱度不太會傳遞出去，感覺起來比較暖和。

也就是說，正確答案是「玻璃板」。

不忘心懷感激的電磁學之父

麥克・法拉第

（1791－1867）

英國物理學家法拉第發明了以電力驅動馬達的原理。而且他還更近一步發現發電的方法——「電磁感應」。

不過這樣的法拉第卻是出身貧寒，連小學都沒辦法正常去上。14歲時，法拉第住在書籍裝訂店工作，據說當時他大量閱讀，博覽群書。有一天，他拿到了大科學家戴維的實驗演講會門票，親眼目睹實驗的法拉第深受感動。他將演講內容整理成筆記並附上感想信寄給戴維，最後獲准成為戴維的助手。剛入行的法拉第慢慢取得超越戴維的成績，無法再維持平常心的戴維決定排擠法拉第。但戴維心裡還是很認同法拉第，他曾對法拉第說：「我最大的發現，就是發現了你的才能。」

雖然法拉第成了英國科學界的佼佼者，不過在回首來時路時，他的心中似乎只有對周圍的感謝之情。於是每年聖誕節法拉第都會去演講。

就像自己被科學感動一樣，他覺得這次必須由自己來向大多數的人和孩子們傳達科學的美妙。這些演講被彙整收錄在《法拉第的蠟燭科學》一書中，在日本也十分長銷。

第4章

未來想與人暢聊的物理故事

物理的世界愈窺視愈深奧。

相對論？暗物質？……等，

這些東西雖然都聽過，卻從未真正明白它們是什麼東西。

接下來，我會概略介紹一下這些物理故事。

71 愛因斯坦的相對論是什麼？①

是有關**光**、**時間**、**空間**的新理論，
也是**在物理學界掀起革命**的理論！

「20世紀最優秀的天才是誰？」聽到這個問題時，大部分的人應該都會回答愛因斯坦（1879～1955）吧。他認為19世紀以前解釋世界和宇宙物理現象的牛頓理論是「一大堆用不到的現象！」，於是自己想出了一套**嶄新的物理學理論：「相對論」**。

愛因斯坦在1905年發表**「狹義相對論」**，1915年至1916年發表**「廣義相對論」**。這兩個理論統稱「相對論」。簡單將這套理論統整後，便如**右圖**所示。

其中「涉及到時間的事物」的第〈2〉項跟第〈6〉項，我們會在下一篇（➡**P.198**）介紹。這裡就先非常簡單地說明一下第〈4〉項跟第〈5〉項吧。

第〈4〉項是以知名算式$E=mc^2$（E：能量，m：質量，c：光的速度）示人的理論，意思是，**物質的質量可轉化為能量，能量也能轉變成質量**。舉個例子，核能發電廠也是根據這套理論建立的，它證實微量的鈾在消失的同時會轉成極大的能量。

第〈5〉項表示，恆星、銀河及黑洞這種**重力強大的天體，周圍的空間是彎曲的**。從遙遠的太空中傳來的星星和銀河的光芒，在中途經過重力大（沉重）的天體時，也同樣沿著扭曲的空間前行。這樣的星光雖然微弱，卻也在彎曲後送到了地球上。

相對論的內容

將狹義相對論（狹義）與廣義相對論（廣義）所表明的內容簡單歸納如下：

〈1〉世上沒有可以比光快的東西（狹義）

〈2〉高速移動的物體中，時間的流速較慢（狹義）

〈3〉高速移動的物體看起來比較短（狹義）

〈4〉質量（物體的重量）與能量是一樣的東西（狹義）

〈5〉重的（重力大的）東西，其周圍的空間會扭曲（廣義）

〈6〉重力大，時間的前進速度就會變慢（廣義）

阿爾伯特・愛因斯坦

72 愛因斯坦的相對論是什麼？②

在相對論上，雖然可以**前往未來**，
卻沒辦法**回溯過去**。

前頁介紹過的愛因斯坦相對論中，關於「**〈2〉高速移動的物體中，時間的流速較慢**」和「**〈6〉重力大，時間的前進速度就會變慢**」的解釋，現在就開始說明。

這些看上去是跟時間有關的理論，假設屬實，那搭噴射機移動的人的時鐘走得會比在家裡看電視的人的時鐘慢。實際將原子鐘這種超高精確度的時鐘放在飛機上跟地面上調查，發現在繞行地球一周時，雖然微乎其微到了極致，但飛機上的時鐘似乎真的走得比地面上的時鐘慢。

儘管這點時間的延遲不太能讓人察覺，不過要是速度逼近光速的話，差異就很明顯了。如果待在以光速的99%飛行的太空船上，**僅僅過了14年，地上就已時光飛逝了100年**。

這令人想到可以前往未來的時光機。然而實現起來卻相當困難。有一艘名為航海家一號的行星探測船，現在正越過太陽系向宇宙出發，其速度約為每小時6萬公里（➡P.90）。噴射客機的時速是900公里上下，所以其速度可說是快得不得了。即使如此，這也不超過**光速的0.000057%**。以這個速率來說，實在很難成為一台足以前往未來的時光機。

順便一提，有可能回到過去嗎？理論上，如果有一台速度比光速還快的交通工具，似乎就能回到過去。只不過，愛因斯坦的相對論中卻存在著一個障礙——「**〈1〉世上沒有可以比光快的東西**」。

▶能用時光機前往未來嗎？

若乘坐速度是光速的99.8%的太空船，並展開為期約6年的旅行，就能抵達100年後的地球。

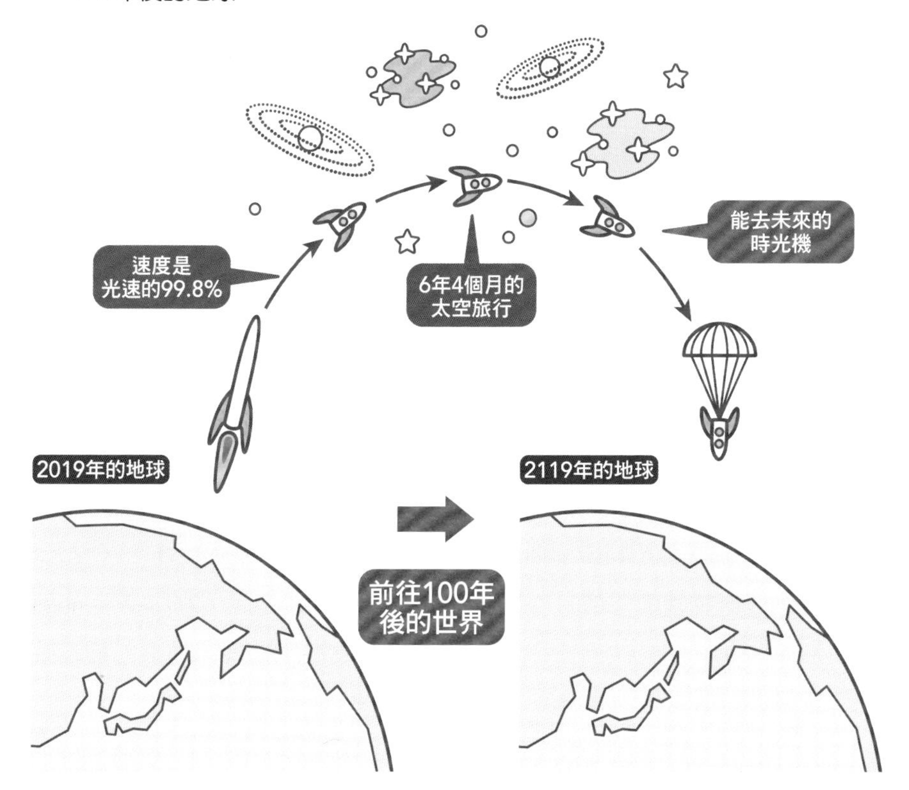

73 我們對宇宙的起源了解到什麼程度？

在**10^{36}分之1秒**後才能展開敘述。
不過我們並不清楚**它是如何開始的**！

我們的宇宙在**138億年前**，因為一場名為**大霹靂**的大爆炸而誕生。然而宇宙誕生的瞬間，也就是宇宙如何開始的這一點，目前尚不清楚。以現在的物理學理論沒辦法解釋它。

但是，**關於宇宙誕生10^{36}分之1秒後的事情，我們就能從理論上說明一番**。這是人類察覺不了的短暫時間，對我們來說幾乎等於零；可對物理學來說，這卻是令人無法忽視的精確時間。雖然在這最初的短暫時間內所發生的事情仍籠罩謎團，不過隨後宇宙誕生的樣貌可說明如下：

在宇宙誕生10^{36}分之1秒到10^{34}分之1秒的短促時間中，才剛出生，連顯微鏡都看不到的微小宇宙急遽膨脹。這種膨脹就像是「一顆香檳裡的小泡泡瞬間變得比太陽系還大」的程度，這段劇烈膨脹的過程稱為「**宇宙暴脹**」，接著這些讓宇宙膨脹的能量就轉變成熱能，引發了**大霹靂（大爆炸）**。

宇宙近一步擴張，隨之溫度下降，在大霹靂後大概過了3分鐘左右，建構物質的基礎——**氫原子**和**氦原子**就形成了。在大霹靂後38萬年時，光開始在宇宙中飛舞。因為想像畫面就像迷霧消散放晴一樣，所以在日本，這段復合時代被命名為「宇宙放晴」。

之後差不多再經過好幾億年就會產生星球和銀河，92億年後，也就是從現在算起46億年前，太陽和地球誕生了。

▶宇宙的起源與歷史

據悉宇宙誕生於138億年前左右。宇宙誕生那一瞬間的事情我們並不了解。

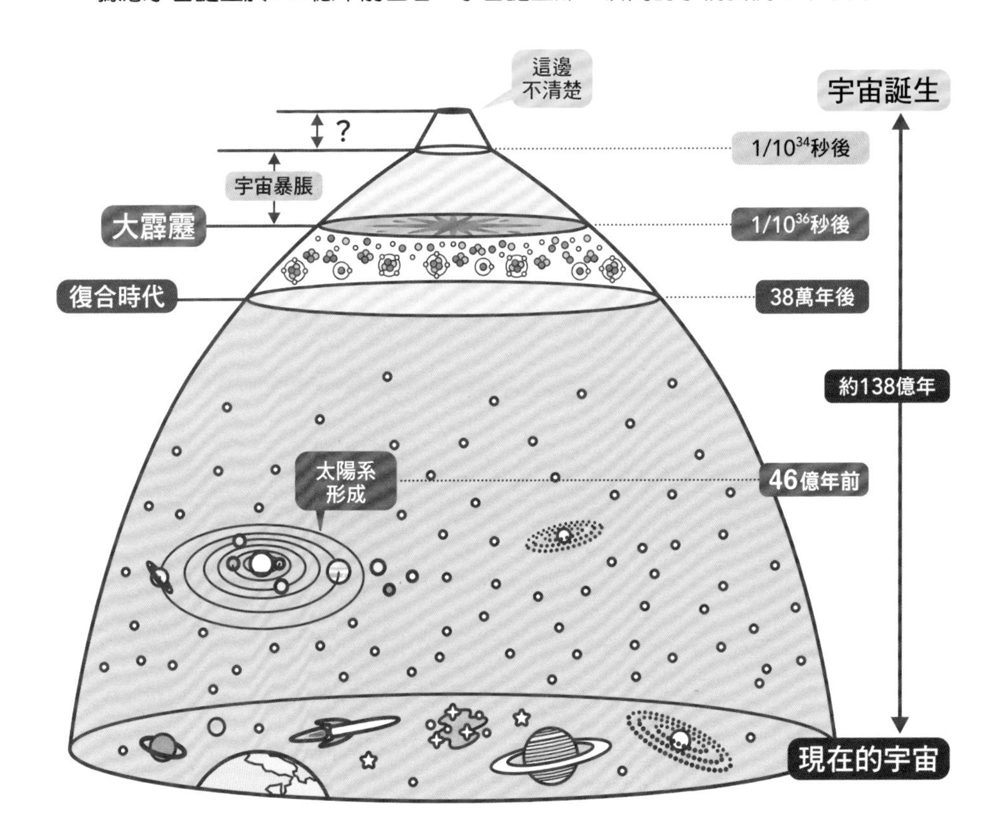

74 太空中的神祕存在？暗物質是什麼？

在現代科學上還不明其真身。
宇宙的百分之九十五都是由它所構成！

「暗物質」什麼的，聽上去很像是科幻小說的用語，不過這也屬於物理學的專有名詞。它的真面目是什麼呢？

我們知道，太空中有些物質的存在無法用現在的科學確認。**因為不了解它的本體是什麼，所以才會稱它為暗物質（黑暗物質）**。

我們無法直接觀測暗物質〔圖1〕。不過倒是知道一件事，就是由暗物質的質量所產生的重力會引發各式各樣的影響。反過來說，我們是透過觀測這些重力的影響來證實暗物質的存在。

第一個注意到暗物質的人，是名為茲威基（1898～1974）的瑞

▶暗物質對光或電波沒有反應〔圖1〕

因為一般物質會對光有反應，所以可以確認其存在。光、紅外線和電波都會直接穿過暗物質，因此無法直接觀測到它的存在。

光
紅外線
電波
一般物質

光
紅外線
電波
暗物質

士天文學家。茲威基曾詳細調查過在遠方旋轉的銀河重量。銀河的旋轉是由組成銀河的星球與氣體的質量所產生的重力而生，所以透過詳加觀察銀河的轉速，便可計算出該銀河的整體重量。然後，發現求得的**銀河重量比用光或電波觀測結果推測出來的數值還重**，由此可見暗物質的存在。

在暗物質之外還有**「暗能量」**。雖然我們知道宇宙會加速膨脹，不過為此必須要有非常龐大的能量。**這種使宇宙膨脹的能量也因原形不明**而被叫做**「暗能量」**。

順便一提，暗物質與暗能量約占整個宇宙的**95%**〔圖2〕，宇宙之謎依舊存在。

▶儲存在宇宙中的能量比例〔圖2〕

最近的研究表明，在宇宙中，一般物質（原子）中儲存的能量僅僅只占能量總數的5%。宇宙的大部分是由來歷不明的暗物質和暗能量所占據。

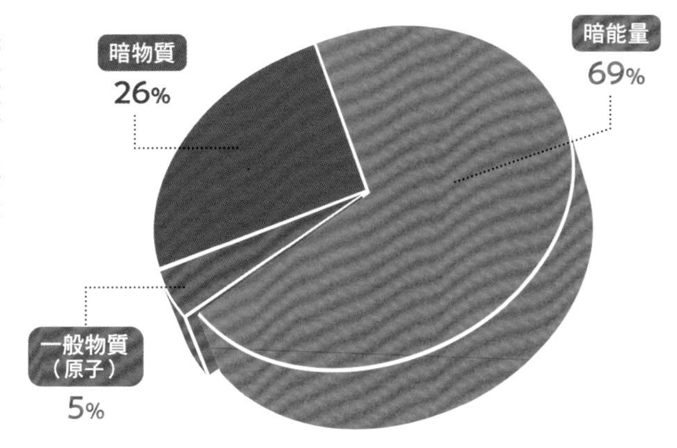

75 宇宙今後會變成什麼樣子？

想到**宇宙終有一天也會結束**，
而有**大崩墜**等各式各樣的說法！

宇宙誕生後經過了138億年，未來宇宙也會永遠存在嗎？這個答案似乎是「不」。就像一切事物都有開始跟結束一樣，人們認為**宇宙終究會迎來結局**，在宇宙的終結上有多種說法。

從大霹靂之中誕生後，宇宙繼續膨脹。但不久之後宇宙也會停止膨脹，然後因重力而開始收縮。最後所有物質都會崩裂，回到大霹靂之前的狀態。這就是**「大崩墜」**說。就像放掉持續脹起的氣球中的空氣，回到原先的狀態一樣，內心對此抱持這樣的印象即可。

宇宙中無數的恆星都是透過核融合產生熱能，但也有人認為這些能量很快就會用盡。到時恆星與銀河冷卻，最後宇宙萬物都會結凍……這樣的理論稱為**「大凍結」**。

另外，從迄今為止的觀測數據可得知，宇宙膨脹的速率正逐漸加快。這樣下去宇宙的膨脹速度也會倍增，不只星球和銀河間的距離會拉開，身邊的事物和組成我們身體的原子也會被撕裂拽離，這種說法叫做**「大撕裂」**。

宇宙會以什麼樣的形式迎來終局到目前為止仍無一個定論，而且，距離宇宙推定結束的時間，大約還有500～1000億年以上的時間，總而言之，暫時還沒有必要擔心。

▶宇宙的終結方式

關於宇宙的終結，代表性的說法有3種。

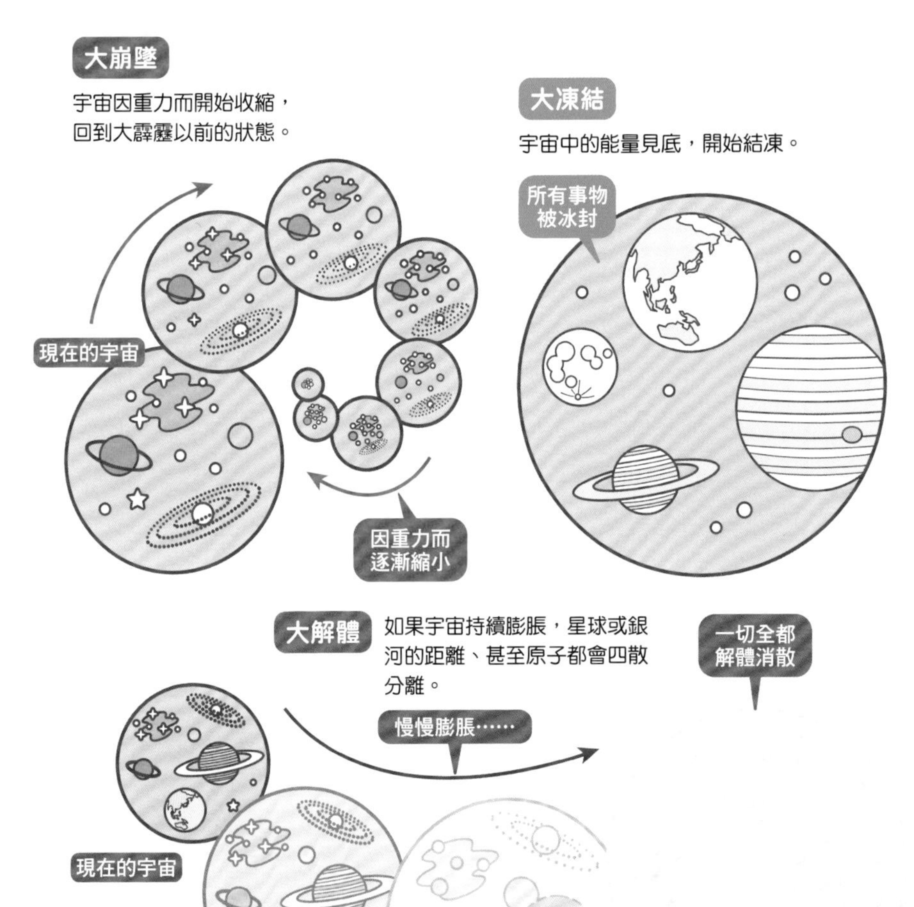

76 比原子還小？基本粒子是什麼樣的東西？

基本粒子是指構成物質的**最基本的粒子**！

基本粒子這個名詞，指的是無法再細分下去的**最小的東西**。它到底是什麼東西呢？

我們身邊的物質都是由一種叫做**原子**的小顆粒組成。雖說原子的大小會依種類而有所不同，不過大概都是100億分之1公尺左右。1公釐的1,000萬分之1的微小尺寸，普通的顯微鏡看不到它，但用電子顯微鏡就能一探究竟。

原子可以再分得更細。原子的中心有原子核，周圍有**電子**。原子核的大小是原子的幾萬分之1。原子核再進一步由質子和中子這些粒子構成。

基本粒子是什麼？〔圖1〕

將身邊的物質細分之後如下圖：

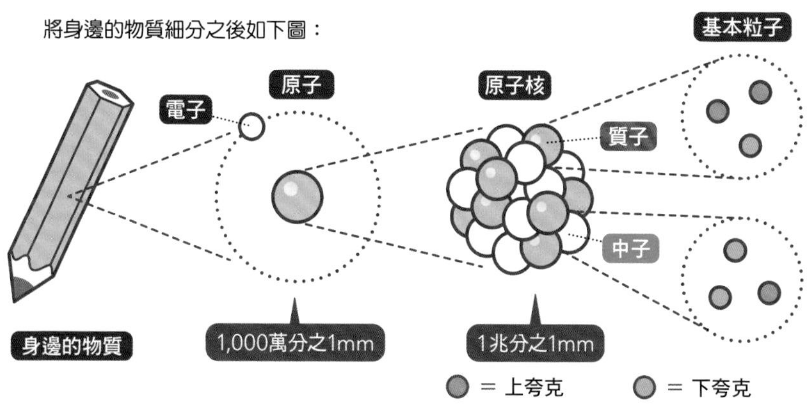

舉例來說，作為氣球中的氣體使用的氦氣，是由2個質子和2個中子形成的原子核所組成，周圍則有與質子數量相同的2個電子。

原子有氫、氧等種類，這些種類是按質子數量的差異而定。

已知質子和中子還能再區分得更細一點，由名為**夸克**的粒子組成。因此，目前**組成物質的基本粒子是「電子」及「夸克」**〔圖1〕。

此外，現在還知道除此之外的基本粒子有很多種，像是能傳遞光、電、磁力等力量的**光子（光量子）**，以及成為基本質量的**希格斯玻色子**等等〔圖2〕。

研究這種基本粒子的物理學叫做**基本粒子物理學**。如果研究有所進展，就能更接近宇宙構造與宇宙誕生之謎，可說是一門夢幻的學問。

至今已被確認的基本粒子〔圖2〕

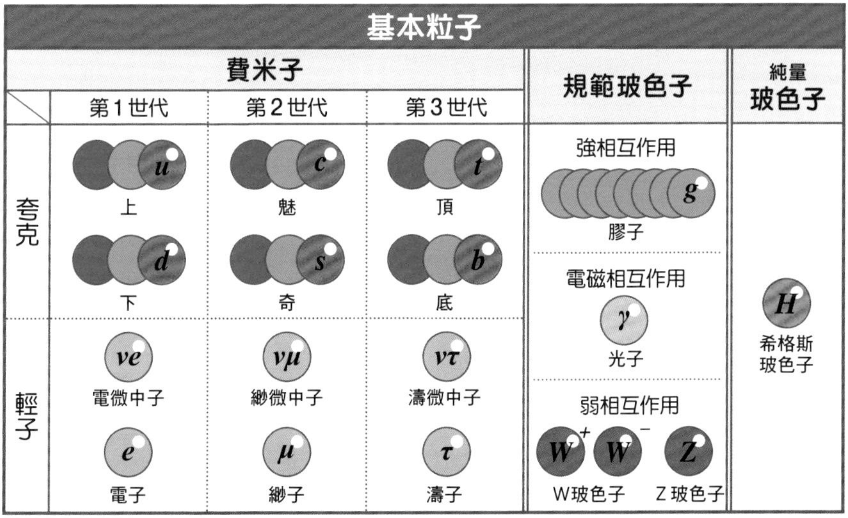

基本粒子					
	費米子			規範玻色子	純量玻色子
	第1世代	第2世代	第3世代		
夸克	u 上	c 魅	t 頂	強相互作用：g 膠子	
夸克	d 下	s 奇	b 底	電磁相互作用：γ 光子	H 希格斯玻色子
輕子	νe 電微中子	$\nu\mu$ 緲微中子	$\nu\tau$ 濤微中子	弱相互作用：W^+ W^- W玻色子、Z Z玻色子	
輕子	e 電子	μ 緲子	τ 濤子		

77 微觀世界的理論 量子論、量子力學是什麼？

出現**穿牆**現象，
涉及**微觀世界**的學問！

量子論是一套解釋「微觀世界」中的電子或光等物質動態的理論。所謂的微觀世界，是**1000萬分之1公釐以下**的那種、比原子還小的物質的世界。有些物質我們肉眼能看到，或是可以用顯微鏡觀察，這些物質的世界稱為宏觀世界。

在微觀世界裡，正在發生一些無法以宏觀世界的常識來思考的非常不可思議的現象。

▶ 用隔板分成兩半的箱中電子〔圖1〕

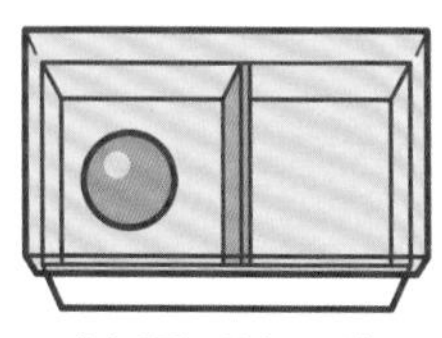

球在隔板的任一邊。

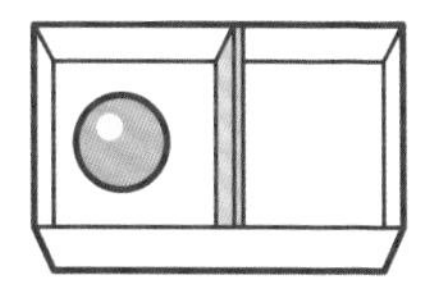

打開蓋子後，在其中一邊找到球。

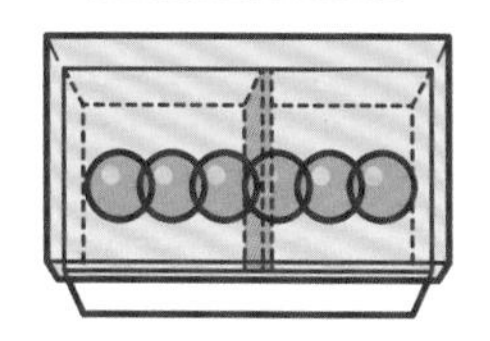

電子同時存在於隔板的兩邊。

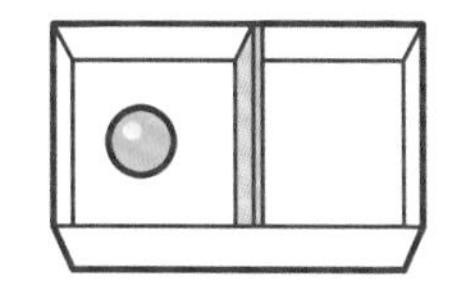

打開蓋子後，在其中一邊找到電子。

在量子論中，**電子是「粒」的同時也是「波」**。在觀察不到的時候，電子作為波而存在；在觀察得到的時候則是收縮的波，其外觀看似一枚粒子。

例如，將一個電子放進箱子裡，在箱子裡用隔板分成了兩個區塊。根據我們的常識，不管箱子的蓋子開或是不開，電子都必定會位於隔板的其中一側。

然而量子論提出，當箱子的蓋子關閉時，電子同時存在於隔板兩邊。然後打開蓋子，照射光線並觀察電子時，就只能在隔板的其中一邊找到電子〔圖1〕。

另外，雖然人類不能穿透牆壁，但**電子可以像突如其來的隧道一樣，穿透本應無法跨越的牆壁**〔圖2〕。

……事實證明，這件事在物理學和數學上正確無誤。以量子為本，從數學上解釋微觀世界物理現象的科學，叫做**「量子力學」**。

▶穿隧效應〔圖2〕

宏觀世界

人類無法穿過牆壁。

微觀世界

電子之類的粒子有時會穿透那些本應無法通過的能量壁。

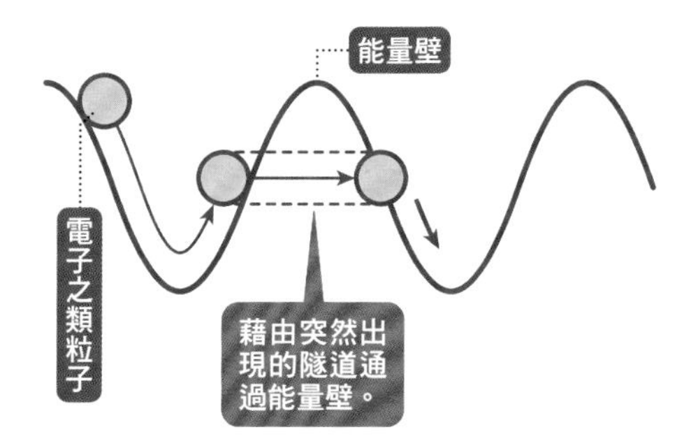

78 所謂的混沌理論是什麼樣的理論？

研究氣象變化等**難以預測**的**複雜現象**的學問！

正如其英文名「Chaos（混沌）」所表達的一樣，**混沌理論指的是事物複雜交織現象的理論**。那麼，它是什麼樣的東西呢？

假設有一輛汽車在高速公路上以每小時60公里的速度奔馳著。我們可以預測：當這輛車通過A點的1小時後，就應該會通過60公里以外的B點。在這個情況下，我們透過了解速度、距離、時間等資訊而知道未來的位置。於是，如果知道的訊息不只是車速和道路的距離而已，而是包含原子跟分子在內的所有情報，是不是就能預知未來——你不這麼覺得嗎？

▶能預測未來發生的物理現象嗎？〔圖1〕

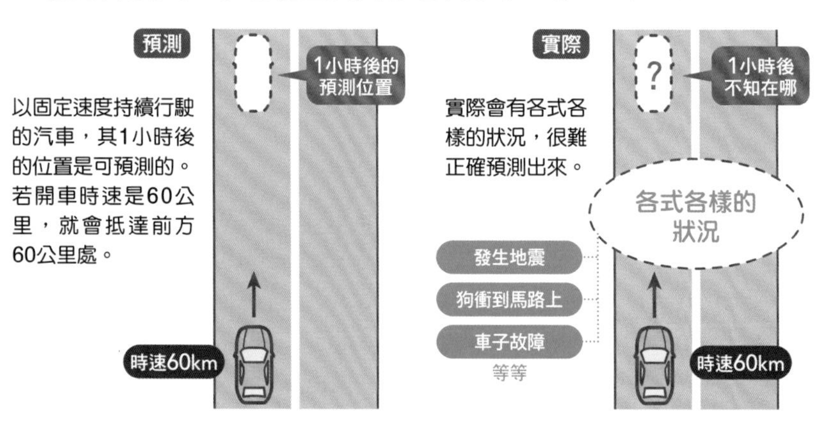

但是實際上，世界非常複雜，各式各樣的現象交織在一起，所以**無法預測未來即將出現的物理現象**。只要稍有偏差，這些預測就會被推翻〔圖1〕。天氣預報經常不準就是這個原因。像這樣處理複雜現象的，就是混沌理論

預測未來發生的物理現象時，需在電腦上輸入用於計算的基本數值（初始值）。看起來這個初始值就算有點小錯，結果也不會產生什麼重大差異；但其實，僅僅只是初始值的微小差別，就會讓結果出現巨大的誤差。

有一個用來舉例說明這件事的詞彙是**「蝴蝶效應」**。「在巴西的一隻蝴蝶搧動翅膀，（空氣的流動不斷擴散後）會在德克薩斯州掀起龍捲風嗎？〔圖2〕」這是美國的氣象學家所提出的一個質問。雖然這個問題的答案還未出現，但混沌理論正在試圖解開自然和社會等領域中發現的複雜現象。

▶蝴蝶效應〔圖2〕

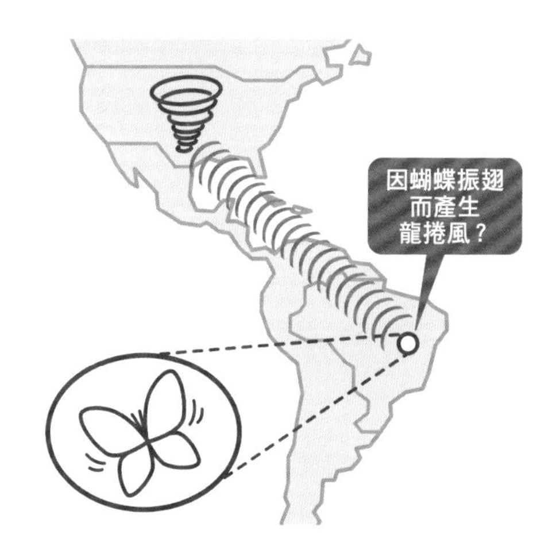

巴西的一隻蝴蝶拍拍翅膀，就能在德克薩斯州引起一陣龍捲風嗎？當初始值的差異隨著時間漸漸擴大時，在混沌理論上，該系統就具有初始值的敏感性。

79 由日本合成出的元素「鉨」是什麼？

物理化學研究所所合成的**新元素**。
平均壽命只有**0.002秒**！

鉨（*nihonium*）是人造元素的名字。正如放入其名之中的「nihon（日本）」所示，這是日本理化學研究所創造出來的元素。造出一個嶄新的元素，聽起來實在很了不起，不過元素本來是什麼呢？

物質是由名為**「原子」**的粒子組成，表示原子種類的東西稱為**「元素」**。儘管很難區分元素和原子，但以「氧氣」為例的話，在「氧氣這種元素對人來來說是必備品」這種說明概念的時候就會用「元素」這個詞。而且我們實際攝入體內的氧氣是「原子」（圖1）。

自然界中存在約90種元素，此外還有大概30種的人造元素。元

▶元素是什麼？（圖1）

元素是一個表示原子種類的詞彙。對人類來說，氧氣這個元素是必要的（概念），但人體實際攝入體內的是氧原子。

素中有1氫、2氦、3鋰……等序號。這些編號代表原子核中質子的數量，稱為**「原子序」**。

鉨是原子序113的元素〔圖2〕。也就是說，它有113個質子。因為理化學研究所在2004年是世上首次成功合成這個元素，所以於2016年得到國際認證。鉨是按照國家名稱命名的，在「*nihon*」後面，再按照國際純化學和應用化學聯合會（IUPAC）制定的規則，加上「*-ium*」，變成「*nihonium*」。元素符號是「Nh」。

鉨具有什麼樣的性質，目前還不太清楚。另外，雖說氫氣、氧氣等元素很難破壞，但人工製造的元素大部分的壽命都很短，很快就會崩解變成別的元素。**鉨的平均壽命據說是0.002秒**。

▶鉨的原子結構〔圖2〕

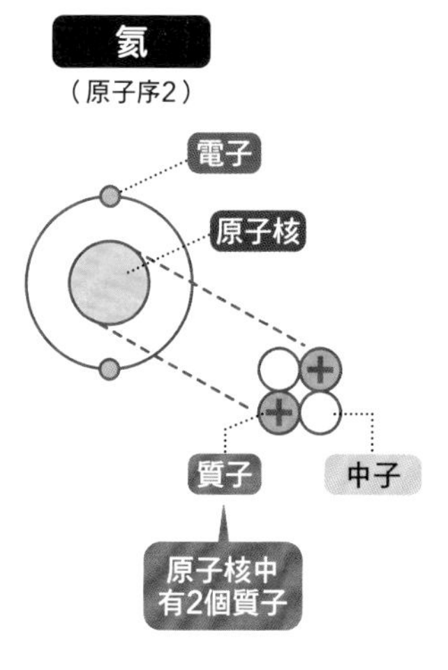

無色無味，繼氫氣之後第二輕的氣體。被用在氣球等產品上。

（原子序113）

鉨的原子核中有113個質子，周圍有113個電子在游離。跟氦原子比起來，可明白它的結構有多複雜。

電子
原子核
原子核中有113個質子

80 獲得諾貝爾物理學獎的日本科學家們……

原來如此!

諾貝爾物理學獎的日本得獎者共**11人**。
第一位得獎者是湯川秀樹!

諾貝爾獎是依據作為**矽藻土炸藥**發明者,建立億萬財富的**阿爾弗雷德·諾貝爾**的遺言,自1901年開始舉辦的世界性獎項。有物理學、化學、生理學和醫學、文學、和平、經濟學共六個獎項。其中,第一個物理學獎獲獎者是發現X射線(➡**P.116**)的**德國人威廉·倫琴**。

截至2018年,物理學獎共誕生了210名獲獎者,其中日本人有9名。包括出身日本但後來取得美國國籍的兩人在內,共**11人**。這11名日本人獲獎的研究成績與本書中也有談到的**基本粒子**(➡**P.206**)、**量子論**(➡**P.208**)有關。

日本第一位諾貝爾獎的得獎者是物理學獎的湯川秀樹。說起1949年,在第二次世界大戰結束後才只過了4年,可說是戰後復興正盛的時候。這個時期,東京等大城市是空襲造成的荒野,人們在這片荒野上被艱難的生活逼得喘不過氣,因此這次的獲獎給日本國民帶來了巨大的夢想和希望。進入21世紀後,日本每隔幾年就會產生新的獲獎者,並且在物理學領域上為世界做出了巨大的貢獻。

這些日本獲獎者的研究對一般人來說都很難理解,不過2014年得獎的3人所發明的**藍色發光二極管**(**LED**➡**P.126**)卻是我們非常熟悉的東西。因為這個發明,LED成為了全球照明設備中的常識。

獲得諾貝爾獎的日本人們

1949年，湯川秀樹成為首位獲得諾貝爾獎的日本人。這是讓戰後的日本煥然一新的大新聞！

年份	獲獎者名		獲獎理由
1949	湯川秀樹	1907～1981	預想到將原子核的質子與中子結合的介子的存在。
1965	朝永振一郎	1906～1979	發明重整化理論，為量子電動力學的發展做出貢獻。
1973	江崎玲於奈	1925～	發現半導體內的穿隧效應。
2002	小柴昌俊	1926～	首次成功觀測到自然產生的微中子（基本粒子）。
2008	南部陽一郎 日裔美籍	1921～2015	發現次原子物理學的自發對稱破缺機制。
	小林誠	1944～	發現CP對稱破缺的起源，為次原子物理學提出貢獻。
	益川敏英	1940～	
2014	赤崎勇	1929～	發明藍光發光二極管（LED），實現省電的白色光源。（※LED等半導體是基於量子力學製造出來的）
	天野浩	1960～	
	中村修二 日裔美籍	1954～	
2015	梶田隆章	1959～	發現微中子震盪，並藉此證明了微中子具有質量。

如果不想遭遇
無法挽回的大失敗，
就不要怕早期的失敗

湯川秀樹

物理學的15個大發現！

從西元前的阿基米德原理開始，精選15個物理學上的重大發現。
來看一下這些「改變世間常識的大發現」的歷史吧！

1 有關浮力的大發現

「阿基米德原理」

發現家
阿基米德
希臘數學家、物理學家

▶西元前250年左右

物體在流體（液體或氣體）中時，浮力等於物體所排開的流體重量，這就是作用在物體上的「阿基米德原理」所闡明的內容。這個法則與船舶、氣球或熱氣球、冰山……等所有飄浮的東西息息相關，即使在現代也被視為計算浮力的基礎而使用著。

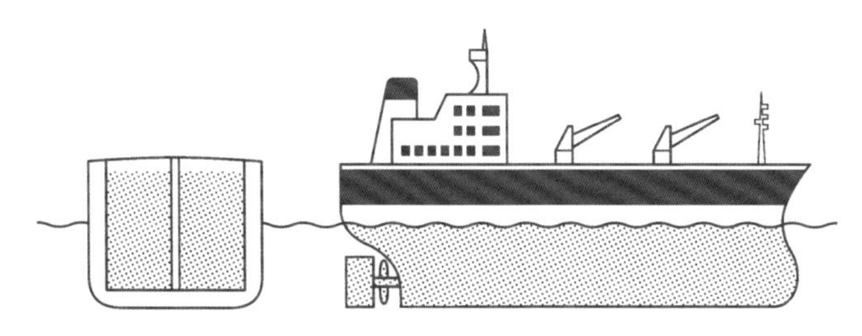

2 有關壓力的大發現

「帕斯卡定律」

▶1653年

發現家
布萊茲・帕斯卡
法國數學家、物理學家

如果在密閉的容器裡，對靜止流體的一部分施加壓力，那麼這塊壓力上升的部分會以相同強度朝所有方向傳遞到流體中。這項「帕斯卡定律」被發現後，人們應用其原理，製作出液壓千斤頂和液壓煞車等液壓機器和水錘泵等產品。

3 力學上的大發現
「萬有引力定律」

▶ 1687年

發現家

艾薩克・牛頓
英國物理學家、天文學家等

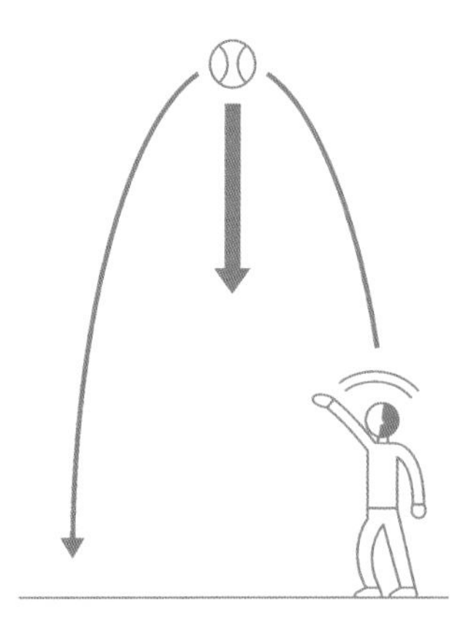

宇宙中，所有物體和物體之間都有著互相吸引的力量。這種物體彼此吸引的力稱為萬有引力。包括這項定律在內，從地球到宇宙的物體運動規則都被牛頓統一彙整了起來。在這之後，「力學」這門學問的研究進展良多。

4 有關溫度和體積的大發現
「查理定律」

發現家

賈奎斯・查理
法國物理學家

▶ 1787年

若在固定壓力下提高氣體溫度，溫度每上升1℃就會增加0℃時體積的273分之1，這就是查理發現的「查理定律」。這項關於氣體膨脹的法則，在現代被運用在冷氣或冰箱的結構上。

5 有關電流的大發現
「電磁感應定律」

發現家

麥克・法拉第
英國化學家、物理學家

▶ 1831年

只要改變線圈內的磁場，線圈中就會產生使電流流通的力（電動勢）。由電磁感應所引起的電動勢叫做感應電動勢，因此而流動的電流則稱為感應電流。發電機和馬達的出現，正是得益於法拉第所發現的這套原理。

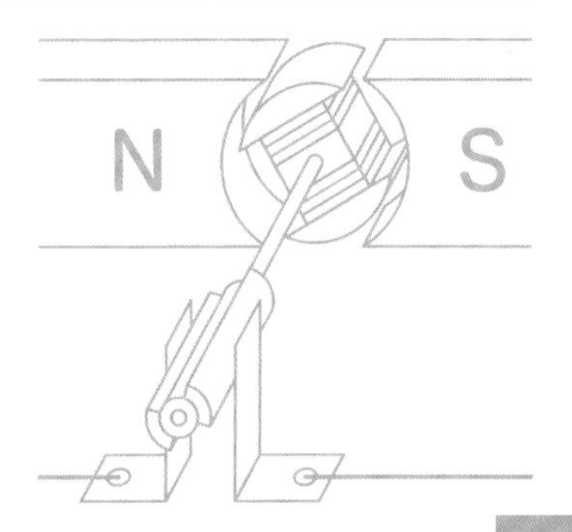

❻ 熱力學上的大發現

「焦耳定律」

發現家

詹姆士・焦耳

英國物理學家

▶ 1840 年

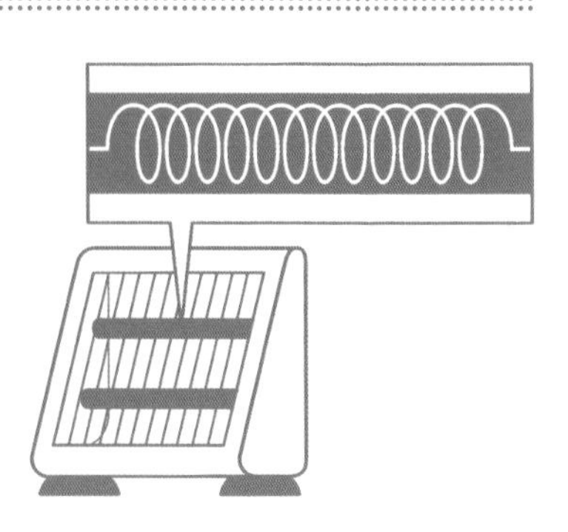

自導線中通過的電流產生熱量，這些熱量與電流強度的平方、導線的電阻、還有時間成正比，即為「焦耳定律」。這項定律被發現後，名為熱力學的學問蓬勃發展。在這作用中所產生的熱稱為「焦耳熱」，被運用在烤麵包機或電暖爐之類的器具上。

❼ 電磁學上的大發現

「馬克士威方程式」

▶ 1864 年

發現家

詹姆斯・C・馬克士威

英國物理學家

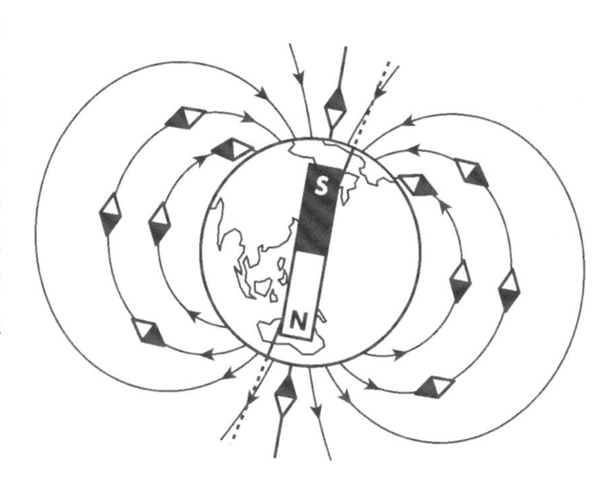

一套描述電磁場動態的古典電磁現象基本方程式，名為「馬克士威方程式」。方程式背後累積許多學者所進行的實驗實績，這些實驗顯示出電磁之間的關係，而馬克士威用數學將這些內容理論化。這個方程式是磁學的基礎，在資訊通訊上必不可少。

8 電磁波上的大發現①

「X射線」

▶ 1895年

發現家

威廉・倫琴

德國物理學家

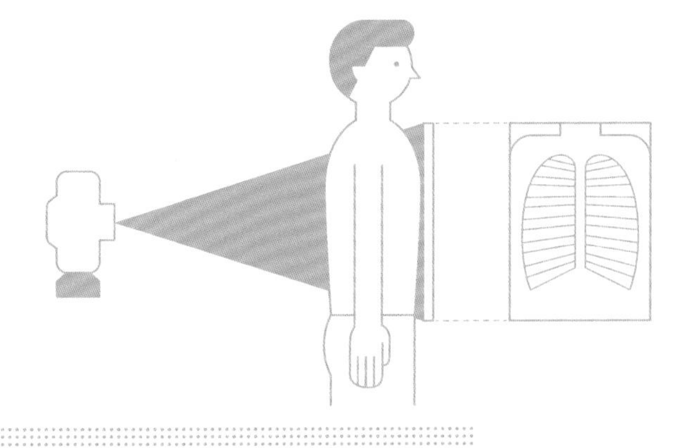

倫琴在一場名叫陰極射線的放射線研究中發現了電磁波，他為這個新發現取名為X射線，意思是「未知性質的放射線」。X射線具有穿過物質的作用、照片感光作用等特性，因此被活用在醫院的X光檢查、機場的行李檢查等處。

9 電波的大發明

「無線電報」

▶ 1895年

發現家

古列爾莫・馬可尼

義大利發明家

以電磁波的實用化為目標，展開利用電波傳遞資訊的無線電報實驗，最後取得了成功。馬可尼廣泛地進行實驗與商業活動，像是相隔大西洋的無線電報、船跟船之間的通訊等等。這個無線電報的技術廣泛應用於收音機、手機等項目上。

10 電磁波上的大發現②

「放射性」

▶ 1896年

發現家

亨利・貝克勒爾

法國物理學家

他發現某種物質身上有放出放射線的能力，也就是「放射性」的存在。貝克勒爾受到發現X射線一事的啟發，透過實驗證明鈾擁有自然產生放射線的能力。放射性的發現被運用在醫院的放射線療法和核能發電等技術上。

⑪ 量子論研究上的大發現

「量子論」

▶ 1900年

發現家

馬克斯・普朗克

德國物理學家

黑體是一種理想物體，它被假設可以完全吸收所有波長的輻射。關於黑體放射出去的能量，為了消除跟過去法則的矛盾，普朗克主張只能取光能量的最小單位的整數倍之值。人們將其稱為量子假說，開啟了量子論研究的大門。

⑫ 光與重力諸如此類的大發現

「相對論」

▶ 1905年、1915年～1916年

發現家

阿爾伯特・愛因斯坦

德國物理學家

愛因斯坦分別發表了兩項理論，1905年的狹義相對論是限定的理論，只處理在沒有重力場狀態下的慣性系；而1915年的廣義相對論則是著手加速度運動和重力的理論。這些理論成為了現代物理學的基礎和根本。大大應用在基本粒子研究和黑洞的解析等領域上。

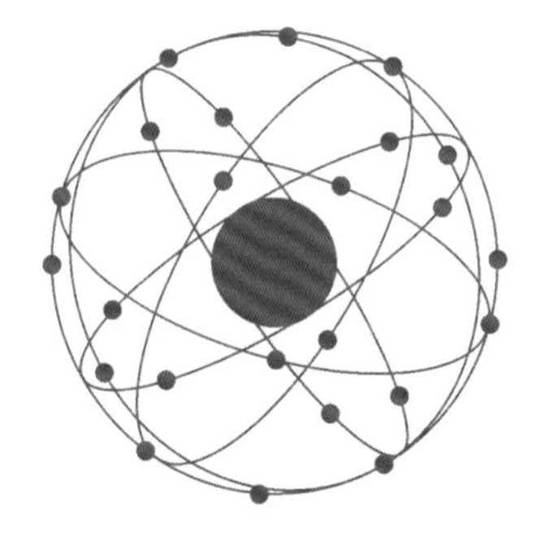

⑬ 微觀世界的大發現

「量子力學」

▶ 1926年

發現家

薛丁格、
海森堡 等人

德國物理學家

提倡物理法則「量子力學」，解釋超微觀世界發生的現象。其所發表的量子力學原理「不確定性原理」表明，在像電子一樣的微觀世界下，其位置與動量的測定在原理上有所侷限，而且測定值偏差的大小間也存在一定的關係。

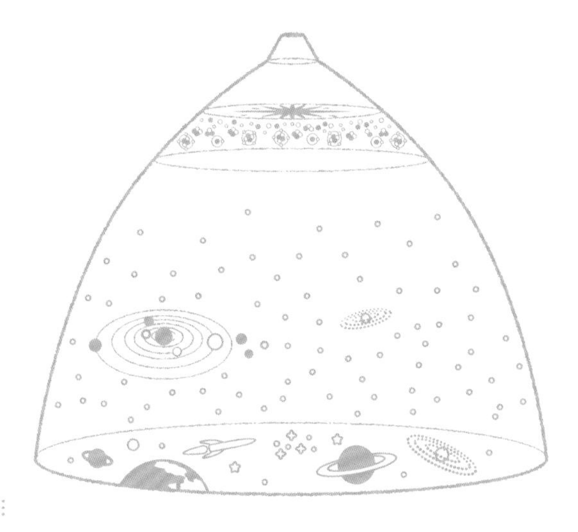

⑭ 宇宙起源的大發現

「大霹靂理論」

▶ 1946 年

發現家

喬治・伽莫夫

美國物理學家

根據哈伯・勒梅特定律，宇宙還會繼續膨脹。基於這項定律，伽莫夫提出了大霹靂的宇宙起源論。他的想法是，宇宙在高溫高密度的火球大爆炸後誕生，在這段過程中合成出各式各樣的元素。

⑮ 有關電力的發明

「電晶體」

▶ 1948 年

發現家

肖克利、巴丁、布拉頓

美國物理學家

承續對於金屬與絕緣體中間具有電阻的物質「半導體」的發現，他們發現在半導體鍺中混入雜質，就能進行電的整流、增幅與震盪，並稱之為「電晶體」。多用於像是收音機、電視這類電機中。

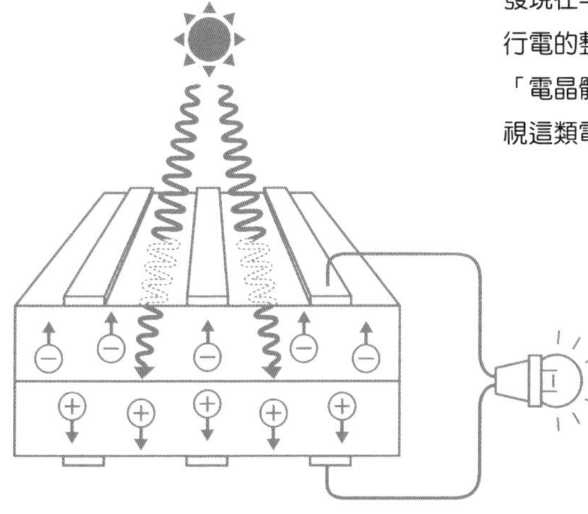

索引

英

2劃

5劃

10劃

参考文獻

『「相対性理論」を楽しむ本』佐藤勝彦監修（PHP研究所）
『13歳からの量子論のきほん（ニュートンムック）』（ニュートンプレス）
『オーロラ!』片岡龍峰（岩波書店）
『すごい！ 磁石』宝野和博・本丸諒（日本実業出版社）（中譯：《永久磁鐵》寶野和博、本丸諒（世茂））
『ダークマターと恐竜絶滅 新理論で宇宙の謎に迫る』リサ・ランドール（NHK出版）
『ビッグ・クエスチョン―〈人類の難問〉に答えよう』スティーヴン・ホーキング（NHK出版）
（中譯：《霍金大見解：留給世人的10個大哉問與解答》史蒂芬．霍金（遠見天下文化））
『ベースボールの物理学』ロバート・アデア（紀伊國屋書店）
（中譯：《牛頓打棒球：看棒球學物理》Robert K. Adair（牛頓））
『リチウムイオン電池が未来を拓く』吉野彰（シーエムシー出版）
『ロウソクの科学』ファラデー（角川書店）（中譯：《法拉第的蠟燭科學》法拉第（台灣商務））
『ロケットと宇宙開発（大人の科学マガジン別冊）』（学研プラス）
『宇宙はどこまで行けるか―ロケットエンジンの実力と未来』小泉宏之（中央公論新社）
『宇宙は何でできているのか』村山斉（幻冬舎）
『科学史年表』小山慶太（中央公論新社）
『確実に身につく基礎物理学』（SBクリエイティブ）
『学研パーフェクトコース中学理科』（学研プラス）
『基礎からベスト物理IB』（学研プラス）
『新しい気象学入門―明日の天気を知るために』飯田睦治郎（講談社）
『図解 眠れなくなるほど面白い 物理の話』長澤光晴（日本文芸社）
（中譯：《生活物理：用物理來解開生活周遭50個疑問！》長澤光晴（晨星））
『物理質問箱―はて,なぜ,どうして？』都筑卓司・宮本正太郎・飯田睦治郎（講談社）
『面白くて眠れなくなる物理』左巻健男（PHP研究所）
『量子力学を見る―電子線ホログラフィーの挑戦』外村章（岩波書店）
『「量子論」を楽しむ本』佐藤勝彦監修（PHP研究所）

監修者 **川村康文**（Kawamura Yasufumi）

1959年生於日本京都市。東京理科大學理學部物理學科教授。能源科學博士。曾以慣性力實驗裝置Ⅱ榮獲全日本教職員發明展內閣總理大臣獎（1999年）、日本文部科學大臣表彰科學技術獎（促進理解部門，2008年）等多項大獎。著有《大人也要懂的生活物理學：40個最常見的有趣物理常識》、《生活中無所不在的科學：解答日常的疑惑》（皆臺灣東販出版）等作品，著作、監修書籍豐富。

執筆協力　上浪春海、入澤宣幸
插圖　桔川 伸、北嶋京輔、栗生ゑゐこ
設計　佐々木容子（KARANOKI DESIGN ROOM）
編輯協力　堀内直哉

圖解有趣的生活物理學

零概念也能樂在其中的99個實用物理知識

2020年8月1日初版第一刷發行
2024年7月1日初版第三刷發行

監　　修　川村康文
譯　　者　劉宸瑀、高詹燦
編　　輯　吳元晴
美術編輯　黃郁琇
發 行 人　若森稔雄
發 行 所　台灣東販股份有限公司
＜網址＞http://www.tohan.com.tw
法律顧問　蕭雄淋律師
香港發行　萬里機構出版有限公司
＜地址＞香港北角英皇道499號北角工業大廈20樓
＜電話＞（852）2564-7511
＜傳真＞（852）2565-5539
＜電郵＞info@wanlibk.com
＜網址＞http://www.wanlibk.com
http://www.facebook.com/wanlibk
香港經銷　香港聯合書刊物流有限公司
＜地址＞香港荃灣德士古道220-248號
荃灣工業中心16樓
＜電話＞（852）2150-2100
＜傳真＞（852）2407-3062
＜電郵＞info@suplogistics.com.hk
＜網址＞http://www.suplogistics.com.hk
ISBN 978-982-14-7271-7